PPT
炼金术

幻灯时代的
演示视觉设计

——这是一部指引你打造完美
演示文稿的PPT炼金术——

U0244619

图书在版编目（CIP）数据

PPT炼金术: 幻灯时代的演示视觉设计
/果因PPT工作室编著. — 北京: 中国青年出版社,
2017.6
ISBN 978-7-5153-4702-8
I.①P⋯ II.①果⋯ III.①图形软件
IV.①TP391.412
中国版本图书馆CIP数据核字（2017）第074765号

PPT炼金术：幻灯时代的演示视觉设计

果因PPT工作室/编著

出版发行   中国青年出版社
地   址：北京市东四十二条21号
邮政编码：100708
电   话：(010)50856188／50856199
传   真：(010)50856111
企   划：北京中青雄狮数码传媒科技有限公司
策划编辑：张 鹏
责任编辑：张 军
封面设计：张旭兴
印   刷：北京凯德印刷有限责任公司
开   本：787 x 1092 1/16
印   张：10
版   次：2017年8月北京第1版
印   次：2017年8月第1次印刷
书   号：ISBN 978-7-5153-4702-8
定   价：49.90元

PPT
炼金术

幻灯时代的演示视觉设计

——这是一部指引你打造完美演示文稿的PPT炼金术——

Attack
PPT
Visual
Design

果因PPT工作室 / 编著

张鹏 / 策划出品

中国青年出版社
CHINA YOUTH PRESS
中青雄狮

前言

　　从2011年到现在，果因工作室的几个小伙伴凭借自己的演示设计技能，为许多人制作过成功的演示文稿，包括政府机构、NGO、教育机构、国有企业、外资企业、大学生创业项目，等等。对于每一张幻灯片，我们都坚持原创，坚持赋予个性化的设计，并由此积累了一些实用而且能够提升工作效率的经验。每当看到自己制作的幻灯片在活动现场投影出来，看到台下观众认真注视着屏幕，自豪和满足总会油然而生。

　　这本书并不是一本教人看完后就能立即成为PPT高手的工具书，它能提供的是一些可以直接运用于商务演示设计的套路，大幅提高演示过程中信息传递的效果，是我们的重要目标。实践告诉我们，设计是与内容紧密结合的，好的内容自然需要好的设计来使更多人能够接受。我们认为好的设计是多元化、个性化的，而不受制于流行。一种思路可以派生出一万种设计方式，但是一种设计风格并不能套在哪怕仅是十份不同内容的演示文稿上。单靠流水线式生产制作的幻灯片去展示你的观点，还没有动手连接过投影仪就讨论演示设计的各种原理和技巧，难道不是纸上谈兵吗？

　　社会在进步，而能使之持续的只有不断地应用知识和追求创新。如果你是希冀在自己的行业实现更多成就的职场人士，请相信这本书能帮助你更好地展示自己的思想、提升自己的工作效率。书中提及的各种技能适用于PowerPoint 2007以上版本。

果因PPT工作室

Contents

目录

Chapter 1 /

今天，我们的幻灯时代

Chapter 2 /

内容控制：演示文稿的总规划

Chapter 3 /

版式设计：房子从框架搭起

Chapter 4 /

背景设计

Chapter 5 /

动画视觉设计：做最好的"动作片"

Chapter 6 /

字体美化：字字珠玑

Chapter 7 /

图片处理：光影之魔术

Chapter 8 ／

信息图示：活化的逻辑

今天，只要你用电脑工作学习，就有机会做PPT，并向大众演示。这是一个幻灯时代，我们有机会通过一张张幻灯片来传达自己的思想、展现自我的个性。于是，现在也有了你正在翻阅的这本书。

Chapter 1 /

今天，我们的幻灯时代

Presentation Design
By GooYii Studio

Presentation Design
By GooYii Studio

Presentation Design
By GooYii Studio

Presentation Design
By GooYii Studio

The Age
of
Presentation

1 / 1　关于这本书

这本书想做什么

　　如今大家要掌握PPT的功能已不是难事，因而从设计层面去提升PPT制作水平显然更实际。接下来你会在书中看到大量指引你一步一步把PPT规范、生动地设计出来的内容，使你从原理上掌握PPT美化的技巧。

　　我们强调学习和制作过程的模式化。项目管理要有流程，制作PPT也一样。纵观全书，从内容的策划到基本设计，再到深度的美化，这是一个基本的设计流程，是一个步骤鲜明而又灵活的范式。从每一章的内容看，我们要将最原始的素材和空白的幻灯片按特定的目标有条不紊地整合起来，营造出在这个方面上合乎规范又与众不同的作品。

　　我们憧憬多姿多彩而不是千篇一律。本书不会刻意地突出某一种设计风格，更不会为了实现某种风格而将相关的技巧大书特书。我们希冀的是，读者通过本书掌握万变不离其宗的PPT设计技能，继而能够将自己的意念融入到演示文稿的设计之中，而不是被教条牵着鼻子走。没有异彩纷呈，就没有有效的传播。

如上图所示，同一个案例的PPT，可以制作出不同风格的封面。制作时往往需要根据内容上的侧重，选择设计风格。PPT应该是多姿多彩的，而不是千篇一律的。

我们致力于让演示设计回归其本真。演示设计与PowerPoint的核心功能密切相关，其目的就是使信息通过文字、图片、图表、动画等多样化的形式贴切地通过演示传播开来。这种设计已成为我们日常工作的一部分。基于工作效率的要求和PowerPoint软件的初衷，我既不主张过度依赖其他软件来增加一些PowerPoint难以实现，且对表现效果可有可无的设计，也不认同使用PowerPoint做太多本应该由其他软件或工具去做的事情。

PPT的设计应该回归Slide的初衷。自PowerPoint开发出来之日起，责难之声从未停息。的确有许多人拿着很烂的PPT公然在会议室里唱催眠曲，又有许多人为了达到各种极致效果，在PPT设计上花费了大量的时间成本与物质成本。这些行为是与PowerPoint的功能背道而驰的。大家难道忘记那种播放一张张玻璃幻灯片的老式幻灯机了吗？幻灯片本来就是为了辅助演讲，把一些口头不易表达的内容通过图文的形式演示出来，Slide和PPT从来就不是演说的核心。我们一定要回归到Slide的初衷上来，高效率地制作PPT，从而高效率地开展工作。

PPT高手应秉持的思路

笔者每天都会在知乎、各种论坛上看到许多提问，比如"如何在PPT上实现某个效果或功能"，"这种图表在PPT上是怎么做出来的"，"这种阴影效果是怎么实现的"，等等。大家在提出大量具体问题之余，却从不思索应如何达到可以自行解决问题的水平。一切擅长做PPT的人，大体都会有以下这样一个思考过程：

萌生或看到某种设计效果——用设计的语言描述出来——为了实现这个效果需要使用PowerPoint的哪些功能，需要按什么顺序来操作。

1/2　你应该了解的基本知识

要成为合格的PPT设计者，下面这些基本知识你应该了解。

色彩

色彩是PPT中文本、图表、图片等各个部分都会涉及到的。掌握色彩运用，可从以下概念入手：

- **色相**：色相是用以区分不同颜色的特征和属性，不同的颜色就是不同的色相。
- **饱和度**：饱和度是指色彩的鲜艳程度，也称纯度。色彩饱和度为0时，就趋于黑、白、灰了。
- **明度**：明度衡量的是色彩的明暗。明度的两个极端是黑和白。

色彩的对比

根据以上几个概念，我们可利用色彩的各种差别来形成对比，从而使信息更为有效地传递给观众，如下图所示。

上图是利用色彩的基本概念而构成的对比。左图中的背景和文字分别是紫色和绿色，这是不同的色相。不同色相之间形成对比，使信息能够呈现出来。右图中的背景和文字都是紫色，但是色彩的明度不同，通过明暗对比把文字呈现了出来。强烈的色彩对比是呈现信息最有效的方式。

色环的应用

我们能通过色环更直观地了解不同颜色之间的关系。利用不同的色彩关系，可以产生许多奇妙的配色效果，如右图所示。

- **对比色**：对比色是在色环上相距180°的颜色，如红-青、黄-蓝、紫-绿、黑-白等。对比色可被明显区分，会给人强烈的排斥感，看似浑浊，但可营造强烈的视觉冲击力。在PPT设计中，可以利用对比色来增强活力，如下图所示。

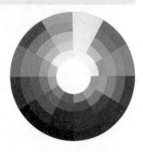

如上图所示，分别采用了蓝—橙和绿—玫瑰红的对比色作为PPT封面背景图形和标题文本的主题色彩，强调了冷暖色系之间的冲突，在版式相对稳定的情况下增加了整个画面的活跃度。

- **互补色：** 互补色是在色环上相距120°的颜色，如红-绿、黄-紫、橙-蓝等。色彩中的互补色相互调和会使色彩纯度降低，变成黑灰色。在制定PPT的色彩主题时，除确定几个主要的颜色外，可以将主色调的互补色作为必要的补充，使画面的色彩相对稳定之余亦不至于单调，如下图所示。

如上图所示，分别采用了绿—橙和黄—红的对比色作为PPT封面背景图形和标题文本的主题色彩，色彩之间的关系相对温和，画面中没有出现从冷色系到暖色系的直接跨越。

如何为PPT配色

为一份PPT配色，很多人认为无从下手。当你接到制作一份PPT的任务时，会发现配色贯穿制作PPT的全过程。下面我们提供一条为PPT配色的思路，相信能帮你提出一份炫丽的PPT配色方案。

- **第一步：确定色彩的情绪和氛围。** 色彩有冷暖之分。冷色系能营造严谨、冷静、萧条、悲伤等气氛，而暖色系则能呈现热情、欢乐、光明、喜庆的效果，而介于冷暖色系之间则相对温和、自然、细腻。根据不同的情绪和氛围，我们可以大致确定整个PPT是选用冷色系还是暖色系的色彩。
- **第二步：确定色彩的文化特征和自然特征。** 可以从带有实质含义的元素中提取色彩。企业的Logo、行业的符号物品、特定事件中的标志物、自然界中的物质等，都可成为我们参考的对象。例如在医疗卫生领域，我们会想到医生的白大褂、救护车上的红十字等，都可以从中提取色彩。而提到海洋，我们通常会想到蓝色，于是可以以蓝色为基础选定几个相对贴近的颜色。

● **第三步：确定不同色彩的分工。**一份PPT的色彩主题可以包含5种以上的颜色，这需要对不同的颜色进行分工。文本及图形可根据内容的重要性分成主要色彩和次要色彩，背景图形也需要有特定的色彩来突出文本与图形，充分利用各种色彩对比效果使信息得到有效的传递。

关于PPT的功能

你有点击过软件界面的所有选项卡吗

在PowerPoint 2007以上版本中，所有的功能都集中在软件界面的选项卡中，并且做了很好的分类。当我们需要解决一个问题、需要应用PPT的某些功能时，可以到选项卡中找办法。

选中对象后才会出现的功能

还有一些功能是需要选中对象后才会出现的，这些功能也会集中到选项卡中供你使用。

● **图片工具（格式）：**选中一张图片后会出现，包括图片调整和样式等多个功能，如下图所示。

● **绘图工具（格式）：**选中一个形状或文本框后会出现，可以对形状的外形、样式和文字的样式进行调整，如下图所示。

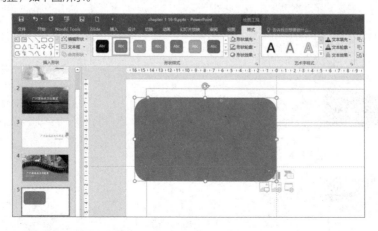

● **表格工具（设计和布局）**：选中一个表格后，会出现表格设计和表格布局两个选项卡，可以对表格的设计和布局分别进行调整，如下图所示。

● **SmartArt工具（设计和布局）**：选中一个SmartArt图表后会出现设计和布局两个选项卡，可对图表的布局、样式等进行调整。需要注意的是SmartArt是以绘图画布的形式出现的，因此其选项卡中的某些功能需要选中图表中的形状时才会出现，如下图所示。

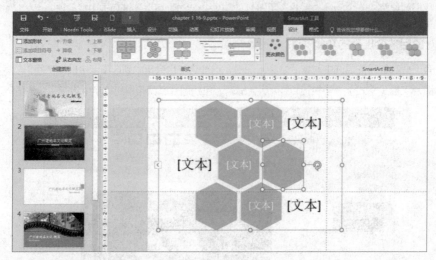

● **视频工具和音频工具**：选中已经插入到PPT中的视频或音频对象后出现，除可以对视频窗口和音频符号的外观进行调整外，还可以对视频或音频的播放进行设置。此外，视频和音频的播放还可以结合自定义动画来调整，如下图所示。

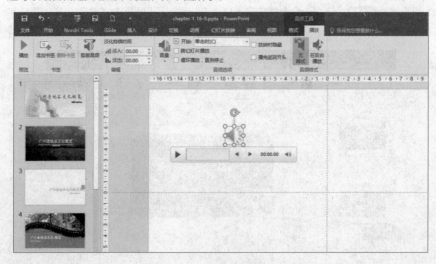

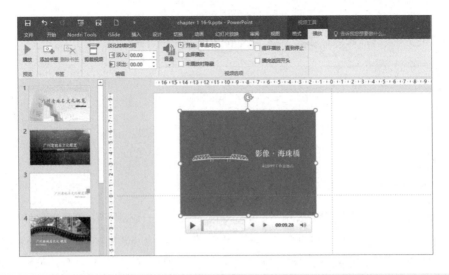

组合式技巧

有时为了实现一些演示效果，是不能一步达到的，需要多种功能组合在一起来实现。看到一些复杂的效果时，千万不要畏难哦！

同一图片向两边分离

如下图所示，这是一个动画效果，一张图片分成两半，向两边移动。

像这样的动画效果，是不可能对一张图片一步实现的，需要以下三个步骤：

- 第一步：选中图片，复制并粘贴，使两张相同的图片位于同一位置上。
- 第二步：对两张图片进行裁剪，一张去掉左半部分，一张去掉右半部分，使裁剪后的两张图片看起来还是原来的一张图片。
- 第三步：对两张图片分别设置向左和向右的路径动画，并使之同时发生，就会出现一张图片分成两部分并向左右两个方向移动的效果了。

1 / 3　PPT要做该做的事情

Presentation和Speech

笔者曾在许多场合提醒要注意区分Presentation和Speech——这是PPT的两种最重要用途。

● **Presentation**（the act of showing something or of giving something to somebody），意即展示或向某人呈递一些东西的方式。在这个信息传播过程中，演示工具会是至关重要的形式，信息会以图片、图表、动画等形式出现，这是演讲者不能仅凭口语就能传达出来的。

● **Speech**（a formal talk that a person gives to an audience），意即一个正式场合中的演讲。演讲的重点在讲，所以PPT在这种场合很多时候是可有可无的辅助性工具。

因此，PPT重要不重要，应当具体而论。片面认为PPT仅是辅助演讲，而要刻意简化PPT设计、过分突出演讲者演说技能的观点，是不可取的。

左图为华罗庚教授为工人群众讲课。如果没有黑板上的推导，别说是工人，即使是大学生也很难理解，这数学课并不容易上。右图为孙中山先生向国立广东大学学生系统讲授三民主义。讲是重点，现在我们看到的著述就是由当时的讲话记录整理而成的。

避免PPT的过度设计

相信大家都能理解，PowerPoint的初衷是为了更有效率的信息传播，而大多数人不可能请别人代为制作PPT。因此在实际制作中，应该兼顾设计与效率，避免PPT的过度设计。而且许多所谓的设计，莫过于大量地铺排和堆砌素材，既不符合设计原则，又浪费了精力。有鉴于此，本书中介绍的有关PPT设计的内容，均从基本的设计原则出发，务求使普通读者在工作中都能付诸实践。

功能决定形式

在工业产品的设计中，产品的功能很大程度上决定了其材质和外形。同理，我们更注重使用PowerPoint进行演示活动。PowerPoint作为一个可以融合图片、音频、视频的多媒体软件，理所当然可以做许多平面设计方面的事情，例如海报、读书笔记等，这在网络上也是流行的。但我们并不主张这样做——这是其他软件和应用能够专门去做的事情。如果我们总是从其他用途出发，去挖掘PowerPoint的潜能，那就本末倒置了。

内容是演示文稿的核心，是演说者要表达的精髓。对演示文稿的内容做适当的控制，把握其结构、线索、主次方面，必然对幻灯片的设计起到事半功倍的作用。如果把制作一份演示文稿比作盖一栋房子，那内容的控制就决定了你是要建一间四合院，还是一幢洋楼。

Chapter 2 /

内容控制：演示文稿的总规划

Case Analysis

广东省博物馆简介案例
电影主题模板

Skill

如何做好内容的编排
如何从主题中提取设计元素
20种简单的PPT封面设计
把目录用作过渡页

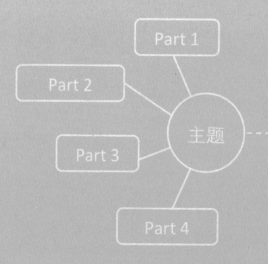

2 / 1　内容决定设计

对于熟练的设计师，一旦拿到演示文稿的文字稿，脑海中就会确立一个设计的方向，并且很难突破和偏离。这是因为，一份演示文稿的设计风格，必然是由其内容决定的。PPT中的所有设计元素都应该是服务于内容的。

内容决定了演示文稿的组织架构

我们把PPT的内容结构分成线索型和并列型两种。

- **线索型：** 可以是故事化的演绎以及一些逻辑严谨的PPT。从开始到结束，整份PPT会有一条完整的线索，前后页PPT之间往往存在着明显的递进关系、因果关系或时间关系。对于这样的组织架构，在设计上可以注意以下几点：
  ①切换效果注重上下页的衔接与流畅；
  ②利用特别的背景或音乐体现连贯性；
  ③充分考虑每一页幻灯片的演示时间。
- **并列型：** 是指一份PPT里面包含了明确划分的几个部分。各个部分可是递进的、按顺序演示的，也可是并列的、随机选择演示顺序的。对于并列型内容架构的PPT，设计上可作如下处理：
  ①各部分在设计主题上可以和而不同；
  ②通过个性化的导航设计引导和提示内容；
  ③利用超链接打通各部分之间的关联。

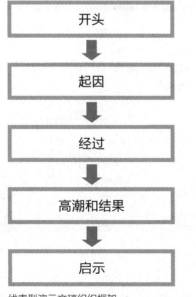

线索型演示文稿组织框架

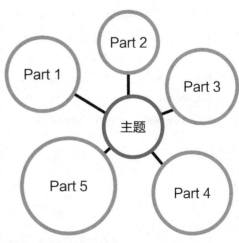

并列型演示文稿组织框架

Skill 1 如何做好内容的编排

制作一份PPT，不论是已有文案作为参考，还是要直接写作，都需要编排好内容，理清结构，然后才开始美化。下面介绍两种能帮你快速做好内容编排的方法。

一是利用PowerPoint的"大纲视图"功能

你可能不知道早期的PowerPoint是没有预览视图的，只有大纲视图。大纲视图的好处是能把整个PPT中的标题和文本（仅限占位文本框的文本）集中成大纲的样式。现在一般不会像从前那样把大段文字直接放到PPT上了，但是标题还在，因此可以利用大纲视图做好PPT页数和顺序的编排，如右图所示。

二是利用MindManager

众所周知MindManager是绘制思维导图（MindMap）的工具。在MindManager上把PPT的大纲画出来，不仅有利于理顺思维，还可以直接把思维导图导出为PPT。MindManager是把内容按特定的线索逐个层级划分的，这不论是在线索型PPT还是并列型PPT中都适用，如右图所示。

内容决定了演示文稿的设计风格

PPT的设计风格需要从多个维度去理解，包含图形设计、字体、色彩、排版等元素。一份PPT的设计风格必须是体现演示内容的主题的。

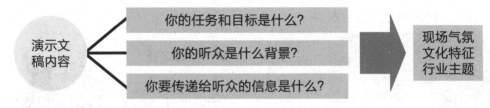

内容首先决定了PPT要带给演示现场的气氛。 PPT的设计应该是与现场的视觉环境和气氛符合的，能够使受众的情绪集中到这场演示上来。在不同的场合，PPT可以有不同的设计关键词，我们会对应这些关键词找寻适合特定场合的设计素材，如下图所示。

关键词	演示场合
喜庆、热烈	节日庆典、颁奖典礼、公司年会、团拜会等
活跃、动感、欢快、可爱、轻松	小学课堂、游戏、亲子活动、演唱会、产品发布会
浪漫、温馨	婚礼、交际活动、家庭聚会、音乐会
严肃	政治活动、会议、司法活动
严谨、简洁	商业报告、学术报告、公务活动、新闻发布会、记者招待会

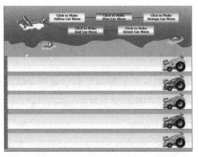

上图是一份小学英语课课件，其内容主要是一些动画，通过可触发的动画来提高学生的课堂参与度。跑车开动时还会带有引擎的声音，这样的设计能使英语课堂趣味盎然。

上图是一个西式婚礼上演示的PPT。它是一份PPT的同时，也是一个电子相册，可以伴随着循环播放的背景音乐一页页地展示新人的浪漫时刻。

内容的文化背景需要在PPT设计上体现。为了产生更强的感染力，同时亦尊重听众的文化背景，结合内容选用具有特定文化背景的设计风格是很有必要的。在平时的观察中，要注意把握不同行业、不同领域和不同地区的设计特点。例如北欧的设计注重简约而鲜明，美国的设计可以由浓郁的波普风体现快餐文化（事实上十多年前PowerPoint中的自带剪贴画就是这样的），中国传统设计风格中像祥云、波浪、植物等源于自然的元素非常多，如下图所示。

上图为某读书会周年活动的一份PPT。标题页背景就融合了象征时空变幻的云彩以及广州的城市符号——五羊雕像，体现出读书会的人文特质和地域性。

演示文稿的行业属性决定了幻灯片设计主题的选取。幻灯片的主题（Theme）包含了背景、色彩、字体等多个幻灯片内置元素。演示内容的行业属性直接影响这些主题元素的选取。我们需要在设计上体现行业特征，以引起听众的共鸣。例如你正在制作的演示文稿是为了介绍种植业的某个科研成果的，那选择绿色的主题可能就很恰当。又如你将要讲授建筑学的课程，那不妨选用与建材相关的纹理背景并在色彩上趋于简朴。

PPT的行业属性还会影响到整份演示文稿的排版方式。不是所有的行业都需要你正儿八经地把PPT做成一份逐页翻看的讲义式的演示文稿。假如你所在的是动漫行业，你要介绍一个关于卡通片的项目策划，那把PPT做成一个动画就最好不过了——灵动的切换、活泼的色彩必然是PPT的亮点。而如果你在建筑行业，制作一份项目规划方案，那你就该选择一些与建筑相关的元素了，如下图所示。

 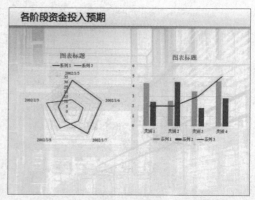

上图为一份规划方案的PPT。这份PPT除了一张建筑内部框架图片的背景外，并没有太多的装饰，比较切合装修规划方案的风格。演示时，受众多是与项目相关的人，他们更需要快速而准确地获得项目的信息。

Case Analysis / 广东省博物馆简介案例

案例内容：广东省博物馆简介

演示文稿用途：供演讲者在与美国、澳大利亚等地区的文化团体交流时对广东省博物馆以及岭南地区的历史文化进行讲解。

右边两图是案例初稿中的两页，是利用PowerPoint中自带的模板制作的，背景图案是我国古代常见的龙纹造型。初看感觉这份PPT尚算规整，但仔细分析会发现这样的设计与内容是不相符的：

①广东省博物馆展出的内容包括但不限于历史文化，还有许多自然地理、风土人情等方面的内容。博物不等于旧物，对一间内容广泛的博物馆套用一个历史文化类的模板，似乎显得过于单调。

②设计中缺少了岭南地域特色。或者不能强求这份PPT能让观众直观地感受到岭南文化的开放兼容和敢为人先，然而这份PPT的背景更多地传递出中原文化的恢宏气度，普遍性超过了特殊性，容易让人误解设计者是不够用心的。

③广东省博物馆的"新"也不能从设计中体现出来。省博无论是建筑还是展览的主题，都是新的，是要用新的形式去传承和发扬岭南文化。初稿不仅背景显得老气横秋，在字体、排版等的美化上也略显粗糙。

1. 去除背景及更换文本格式

去除背景，并把文本换成通用的Arial字体，使标题更突出更爽朗，如下图所示。

2. 在封面中插入省博物馆的图片

直接使用图片似乎有点lower，但简单往往也明了。插入图片后，也面临着进一步排版的问题，如右图所示。

3. 调整图片、文本的大小和位置

把图片拉大，置于底层，依然靠左上方对齐。这时标题文本超过一半位于图片上，说明文字字号缩小为20磅，仍位于标题下方，如右图所示。

4. 图文混排

　　沿图片下边缘添加半透明的两个矩形（红色和黑色各一），置于标题和图片之间，如右图所示。

5. 文本排版

　　把标题文字调整为白色，标题连同说明文字全部靠右对齐于一条垂直线上。标题与红色矩形的长度刚好对应，如右图所示。

6. 统一其余各页的设计

　　其余各页也换成白色背景，在标题处衬以红色、黑色相交的半透明矩形。正文文本设为黑色，标注文本设为深红色。图文内容配合新的背景和标题栏重新进行排版，如下图所示。

修改设计的说明

　　我们为什么会把原先看似已经过得去的PPT改成现在这个样子呢？现在的设计又是如何与内容相匹配的呢？

1. 设计元素取自省博物馆新馆建筑。

　　广东省博物馆新馆的黑色外立面内嵌着红色的不规则分割通道，整个建筑外形酷似一个宝盒，在夜幕下熠熠生辉。我们由此取用黑色和深红色构成半透明的交接的色块，以衬托PPT中所有一级标题，并作为主题元素，正好与省博物馆的形象呼应。而红色为主、黑色为辅的方式刚好是与建筑外表黑色为主、红色为辅相反的，既和而不同又更显活力。

2. 符合欧美设计风格。

　　整个PPT的背景，除了标题部分都是纯白色，这是从听众的角度考虑的。这份PPT的受众是有欧美文化背景的文化界人士，若用常用的中国风背景，在显旧之余也不一定为受众所接受。

3. 强调排版又尊重演讲者的演示需要。

　　PPT的内容中包含大量需要展示的图片，空白的背景能够最大限度地排除排版中的制约因素和背景图案造成的视觉干扰。简洁的设计不仅符合学术交流的要求，也符合设计趋势。

修改后的PPT全稿

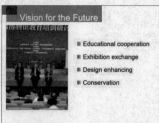

Skill / 如何从主题中提取设计元素

广东省博物馆简介PPT是一个从既定主题中提取设计元素，形成PPT的设计主题的案例。我们经常会拿到一份文稿或一个文件夹打包的资料，据此制作PPT。

如何快速地提取出设计元素就显得很重要。从以上案例中我们可以总结出以下几个步骤：

- **第一步**：如果有的话，选取一到两张图片作为体现PPT核心内容的、可用到封面和背景设计的素材。
- **第二步**：选择不超过3种颜色作为主题色。
- **第三步**：选取与内容相匹配的字体。
- **第四步**：取用一些与内容相关的风格化的形状、线条或花纹用于背景的点缀。

完成以上四步，基本上就可以组成一个与既定主题相符的PPT设计主题了。

　　这是我们工作室为某电影相关的演示而专门制作的模板。

　　由于是与电影史相关，幻灯片的背景融入了拍摄电影时经常用到的场记板作为设计元素。除了场记板，由于电影在城市生活中扮演了重要角色，同时又从城市中吸收了非常多的内容，所以在背景中选用了不少街拍照片。

　　我们非常轻松地选用了深灰色为主题色。这除了因为场记板本身就是一块黑板外，还有最重要的一个原因——默片时代的电影是黑白的。同时又要考虑演示场地和现场气氛的因素，模板除了深灰色背景外，还预备了白色背景以备不时之需。

2 / 2　引导演示的元素

有了框架上的规划和设计上的定调，就要开始编辑内容了。编辑内容也是一个生产过程，为确保生产质量必须进行控制。将演示的过程比作有水在流动的水管，那毫无疑问可以控制水流的便是同一条水管上的几个水龙头。对于一页一页"流"过的幻灯片，也是有几个类似于水龙头的节点的，可以对演示文稿进行内容控制，它们分别是封面、目录、标题和导航、结尾页。

封面——题好一半文

中学老师教学生写作文时常说"题好一半文"。PPT封面也能在一定程度上反映出设计者的水准。一张好的封面幻灯片，既要在设计上过得了关，也要充分体现整个演示文稿的内容，如下图所示。

上图是两个设计风格迥然不同的PPT封面。左边的PPT是为展示大学班级学生风采而设计的，右边的PPT是为介绍广州的立体交通系统而设计的。内容的不同决定了它们会采用不同的设计。班级学生风采展示的PPT采用带皱纹的纸张作背景，把地理学的象征之一——地球仪和班级名称等信息置于幻灯片中央。而介绍广州的立体交通系统，最直观的莫过于把市内高架桥的景观在封面上呈现出来，图片直接融入到背景中，并且接下来在正文中还会有大量的照片、地图和数据图表资料。

为实现对内容的引导，使封面之所以为封面，在设计上要注意以下几个问题：

①标题必须是封面上字号最大的，并且放在合适的位置上加以突出；

②封面的字体、色彩、形状和图片应与主题契合；

③封面要与目录页和次标题页严格区分开来。

PPT的封面不是杂志封面，我们除了标题和适当反映内容主题的插图或背景之外，实在不需要再添加其他东西。目录或者内容要点一般不放在封面上。

实践表明，PPT封面的播放时间并不会比其他正文页幻灯片短。由于各种原因，我们经常会在封面上停留一些时间，或者将幻灯片切换回封面页。

Skill / 20种简单的PPT封面设计

做一张好的PPT封面是要花时间的，但也有一些简单的方法，可以做出令人满意的封面来。

1. 全图+半透明标题栏

以整幅图片作为背景，在页面下半部分添加半透明填充的标题栏，如右图所示。

2. 全图+居中标题

以整幅图片作为背景（可添加LOMO效果或虚化聚焦效果），把标题置于页面居中偏上位置，如右图所示。

3. 全图+局部化标题

以整幅图片作为背景，把标题（栏）置于局部位置。标题（栏）可以纯色或半透明填充，如右图所示。

4. 图片背景化+标题

把背景图片模糊化或以半透明渐变填充覆盖，再把标题置于顶层，如右图所示。

5. 上部配图+标题

把图片置于页面上半部（不超过整个页面的2/3），把标题置于页面的下半部留白部分，如右图所示。

6. 竖式配图+标题

把图片置于页面的左侧或右侧（不超过页面的1/2），把标题置于留白部分，如右图所示。

7. 标题+边框

标题、副标题以表格形式插入，保留边框，副标题加上与边框色彩一致的填充，如右图所示。

8. 中部配图+标题

把图片置于页面垂直方向的中部，把标题文字置于图片上，如右图所示。

9. 剪贴式图片+标题

把图片内的主要物体以形状裁剪的办法剪贴出来，置于顶层，把标题放在合适的位置，如右图所示。

10. 色块搭配+标题

在页面的合适位置上布置两个或两个以上的色块进行搭配，在其中一个色块上放置标题，如右图所示。

11. 标题+线条

在页面上插入装饰性的线条，在线条周围合适的位置放置标题，如右图所示。

12. 图标+标题

插入与内容相关的图标，放在标题附近的位置，与标题和页面合理搭配，如右图所示。

13. 抽象图形+标题

在页面中插入一些抽象图形，在合适的位置放置标题，如右图所示。

14. 渐变背景+标题

使用渐变填充作为背景，在合适的位置放置标题。可以根据渐变的方向给标题文本增加阴影效果，如右图所示。

15. 文字背景+标题

利用文字（或书法图案）作为背景，在合适的位置放置标题。标题文本的颜色和背景文字的颜色要区分开，如右图所示。

16. 垂直平分页面+居中标题

　　用图片或形状把页面垂直平分，把标题置于居中偏上位置，如右图所示。

17. 偏侧色块+标题

　　把纯色或渐变填充的形状置于页面的一侧（不超过页面的1/6），在留白的位置放置标题，如右图所示。

18. 标题+圆形底纹

　　在标题文本下方用圆形衬托，如右图所示。

19. 边缘留白+标题

　　在边缘位置留白，中间以纯色或渐变填充的形状遮盖，标题居中，如右图所示。

20. 单色化图片+标题

把图片作单色滤镜处理（可在
PowerPoint上重新着色）后用作背
景，把标题置于合适的位置，如右图
所示。

目录

目录是为预先告诉听众这个演讲主要有哪些内容。PPT的目录未必就是书本的目录那样从第一章写到第十章，它完全可以以另一种形式出现——这就回到前文所讲的，以演示内容的组织架构为依据。目录可以是由始而终地有一个明确的顺序，也可以是一个类似于思维导图（Mind Map）的结构图，甚至可以是维恩图（Venn Diagram）。目录对于内容控制的意义在于，它能提示听众这个演讲是有内在逻辑的，并且提醒演讲者免生枝节。

目录在设计上需要注意以下几点：

- **目录应当放置在一张PPT上，不要分割成几张PPT。** 目录的目的就在于让人预先知道整个PPT的内容和架构，如果分割在几张PPT上，就失去了原本的意义。
- **目录要能让人最直接地理解内容的次序。** 也就是说，目录的图示方式要能体现出顺序，不能乱作一团。
- **目录要尽量简洁。** 不要像书本那样做目录，不要加上页码，也不要把二级标题列出来，能说明整个PPT有几个部分以及每部分的标题即可。

目录有时还可以同时作为过渡页而存在，常见的有两种形式：一是在目录页上通过超链接进入正文部分；二是目录页总是出现在各部分之前，但会特别强调演示进行到哪一部分。

矩阵式目录

列表式目录

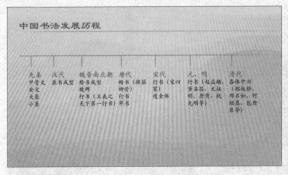

时间轴式目录

树状目录

标题和导航

　　幻灯片上的标题是用于提示和概括当前页内容的。正文页PPT上的标题一般都会位于左上方，字号大于正文。导航则比标题更具引导意义。幻灯片不是网页，在幻灯片中导航能起到的作用仅限于提示演讲进行到哪一步，如下图所示。

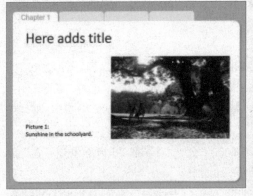

标签式

导航栏式

　　导航的设计多种多样，有标签式、导航栏式等。与标题不同，导航栏不是一定要出现的。导航栏在页面中占据了一定的位置，会对页面的排版造成一定的限制。

Skill / 把目录用作过渡页

有时候我们会单独做一页承上启下的PPT作为过渡页。但如果把目录作为过渡页，就不仅能承前启后，还可以告诉观众演示的进度。

下面我们还是从前面的几个目录案例入手来讲解。

明暗对比式

如下图所示，演示完第1部分，回到目录。此时将接下来的第2部分以外的几个部分通过自定义动画都变暗，突出第2部分的内容。同理，演示每个部分前，都在目录页上把其他部分的标题变暗。

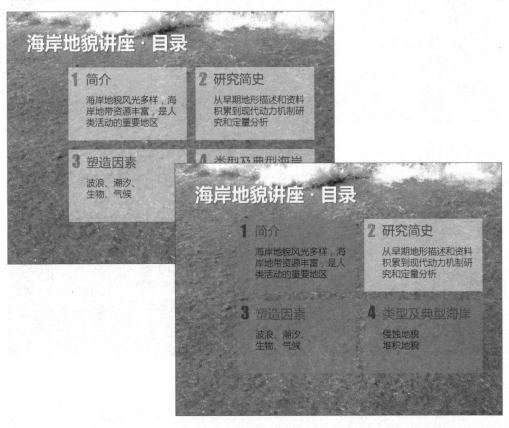

放大夸张式

　　如下图所示，一开始时目录树位于中间，然后目录树被移动到左边，再进一步便是接下来将要演示的内容的标题从原来的位置上扩展开来，用一个特大号形状加以突出。

抽离强调式

　　如下图所示，最开始出现的是完整的目录，然后利用消失动画和出现动画同时变换，把另外的两个小标题抽离，剩下第2部分的标题，并且文字的大小和位置也变化了。

结尾页——与封面和而不同

结尾页似乎除了致谢以外就没有什么好写了。但是，如果没有结尾页听众未必能搞清楚你到底是讲完还是没讲完。而在设计上，结尾页尽量做到与封面"和而不同"，既要呼应主题，又要体现出这是结束而不是循环到起点。

结尾页除了和听众"Say Goodbye"，还可以添加一些不便在正文页上提早演示的信息，这些信息可以包括演讲人的联系方式、内容的引申拓展信息、关于演示内容的其他注意事项等。为了达到有效的信息传递，我们并不建议开门见山地将这些附加信息放在演示文稿的封面上。

如下图所示，封面页与结尾页在设计上是近似的，但又有所差别。封面页重点突出标题，而结尾页除了标题还添加了部分附加信息。因此，在设计上能让人直接感觉到结尾页是承接正文页对封面页的一个延续，真正达到了与封面的和而不同。

幻灯片的版式设计（Layout De-sign）就是要合理地安排每页幻灯片中的图文内容，这就好比在砌墙和装修以前先将房子的框架按规划图搭好。通过合理的版式设计，使幻灯片中的图文内容更趋美观、更好地符合人们的视觉流程，这就是本章将介绍的内容。

版式设计：房子从框架搭起

Chapter 3 /

Case Study

采用推进式切换效果的版式设计

Skill

关于幻灯片尺寸的调整
参考线、网格和对齐功能
突破局限：把图文内容扩展到整个页面

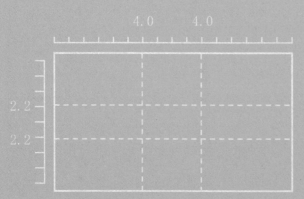

3 / 1　幻灯片的版式构成

如果把PPT看作一间房子，那PPT的版式构成就相当于确定好房间的布局。有了这一步，才能装修、添置家私，也就是美化家居。PPT的版式设计就像设计图一样，总是有章可循的。

屏幕的尺寸

以往的幻灯片设计软件，默认的PPT长宽比例都是4:3，这与显示设备有很大关系——十多年前多数显示器都是1024×768的分辨率。然而PPT的比例已经悄然变化，16:9也逐渐成为另一种通用比例。

16:9的屏幕尺寸更贴合人的视觉范围，观众在观看幻灯片时也更容易集中注意力。而PPT的制作者在编辑页面内容时也更易于摆脱来自传统平面出版物的思维桎梏——你会更加相信这个世界是平的。

但是许多投影幕布还是4:3的。使用这样的设备播放PPT时，PPT的长会调整至与幕布的长相适应，因而留下黑边，而投影出来的PPT图文内容的大小也可能与我们所预期的有偏差。

事实上，我们还可以非常灵活地调整PPT的页面显示比例。这不仅大大增加了PPT版式设计的灵活度，还能使PPT更便利地应用于各种设备和场合（无处不在的投影仪和LED屏幕早已不对PPT页面比例有所限制）。

4:3页面

16:9页面　　21:9页面

上图为同样内容的幻灯片封面在不同的屏幕尺寸下的设计效果。可见，在自定义的尺寸下，我们可以通过调整版式，使演示效果趋于极致。

绝大多数幻灯片制作软件都是可以调整PPT的尺寸的。

在PowerPoint 2013中，可以通过"设计"选项卡中的"幻灯片大小"功能来调整——这里已经有了标准（4:3）和宽屏（16:9）两种常用的选项了。其他的幻灯片制作软件，可以在页面设置等相关功能中设置幻灯片的尺寸。

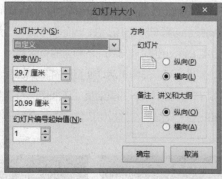

而一些不太常用的尺寸比例，则可以通过"自定义幻灯片大小"来调整。这时软件还会提供多种常用的纸张及幻灯片规格的尺寸大小供使用。如要进一步作自定义调整，就要对幻灯片的宽度和高度进行细致的设定了。

还可以调整幻灯片的方向。PPT默认是横向的，但当PPT用于电脑阅读或者有竖版文字排版，就可能需要用到纵向了。

需要注意的是，不要在已经编辑完演示文稿内容后再调整幻灯片的尺寸，以免造成页面上图文内容编排的混乱。

对于不同的尺寸，要考虑排版时以横向分布还是纵向分布为主。

以使用最多的4:3和16:9的尺寸为例，在4:3页面上，可更多地考虑以纵向分布为主，允许图表和文本在上下方向上伸展。而在16:9的宽屏页面上，则应考虑以横向分布为主，避免因勉强地采用纵向分布而显得过于密集。

演示内容的版式构成

PPT上的演示内容可分为三部分：标题、正文和图表。三者并不总是同时出现在PPT上的。PPT的排版，就是要合理分配标题、正文和图表在页面上占据的位置。PowerPoint极其规范地为我们提供了多种包含了标题、正文和图表的版式。单从幻灯片的版式构成来看是基本逃不出这些构成方式的。了解这些构成方式，有助于我们迅速地锁定每一页PPT的版式划分。

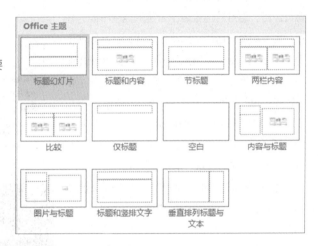

下面有4张幻灯片，分别是直接采用了"标题幻灯片"、"标题和内容"、"比较"和"内容与标题"4种内置版式。尽管简单，但也显得规整而合理。

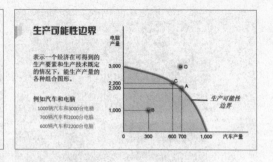

幻灯片的保险地带

我们提出幻灯片的保险地带这个概念，是为了防止图文内容超出观众的可视范围。就像文档有页边距，幻灯片也应留出一定的范围不能为标题、文字和图表所用。这是因为我们在实际演示中，投影经常会与幕布存在一定的偏差，即便是作为光源的显示器，也难免会由于机器外壳高出屏幕一定高度而造成遮挡。幻灯片的保险地带的宽度应该占到幻灯片长宽的约1/10（两端之和）。

如右图所示，标题、图片、文本都位于红圈范围以内，没有超越PPT的保险地带。

对于一些全图型、半图型或以标题文本为主的幻灯片，尤其要注意图片的核心部位以及文本都位于保险范围内，并从居中排版的要求加以调节，促进图文关系趋于紧凑，防止图片的一些关键性细节位置保险范围以外。在右图的案例中，自行车、文本的位置分别已经接近黄色线框的上、左、右边缘，但完全处于可控可保障的范围内。

3/2　黄金分割在PPT设计中的应用

要对幻灯片页面上的内容划分为恰当的比例，较科学的办法是运用黄金分割原理。所谓黄金分割，就是较大部分与较小部分之比等于整体与较大部分之比，即在一条线段上"长段占全段0.618"，0.618被认为是最具美感的位置。

如何在PPT中进行黄金分割

在PPT上找黄金分割线的方法是，通过标尺和参考线知道幻灯片的长宽的数值，然后进行计算，再把参考线移动到黄金分割线的位置上。

经计算，我们可大致将绘图参考线按以下一些数值移动，便能找到黄金分割线的位置。

页面比例	方向	参考线平移数值
4:3	横向（向左或右）	3
	纵向（向上或下）	2.2
16:9	横向（向左或右）	4
	纵向（向上或下）	2.2

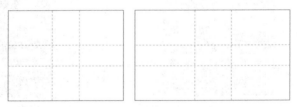

上图为4:3和16:9页面的黄金分割线

有时为了适当扩大某部分内容的页面范围，会延伸到将幻灯片的长宽缩小一半后即在1/4页面上找黄金分割线。经计算，这种情况下的参考线位置数值大致如下。

页面比例	方向	参考线平移数值
4:3	横向（向左或右）	7.8或4.9
	纵向（向上或下）	5.9或3.6
16:9	横向（向左或右）	10.5或6.4
	纵向（向上或下）	5.9或3.6

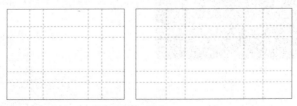

上图为4:3和16:9半页面的黄金分割线

如何在PPT中利用黄金分割比例

通过黄金分割的比例划分，我们能够比较合理地确定幻灯片中标题、文本和图表所占的范围。

一是利用黄金分割划分版面

下图是由页面平分改为按黄金比例划分页面的案例。在平分的页面中，原本作为展示内容的图片过分拥挤，而文字周围则留白太多。调整后，整个页面的内容分布相对平衡，图片的演示功能更突出，更有利于观众对文字和图片信息的把握。

二是利用黄金分割找准图文内容的位置

PPT上的标题、图片或其他视觉焦点，可以通过黄金分割线或者黄金分割线交汇点的位置来控制。

3 / 3　图文元素的相互关系

　　PPT中总是充斥着图片、文字和各种形状。我们应该怎么把握这些图文元素在排版中的相互关系，怎样才能令PPT看着舒服呢？

整齐

　　"一家人齐齐整整至关紧要"。TVB的这句台词告诉我们，家庭不论贫富，家人团结在一起才是幸福的前提。对于PPT中的各种图文元素，也总是整整齐齐才能让人看得舒心，因为这样观众才能快速而准确地浏览信息。

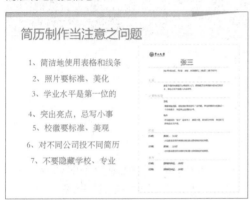

如上图所示，修改前PPT中的文本行距不一、没有向单侧对齐，图片位置偏移。修改后，文本向左对齐并保持一致的行距，图片也与文本的第一行对齐并且调整了合适的大小。

如上图所示，这是一个图片并列的案例。修改前，3张图片上的人像大小不一、人物不在同一水平线上，容易造成视觉上的错乱。通过裁剪并调整位置，3个人像大小相当、基准相同，视觉干扰大为减少。

紧凑

　　紧凑，说白了就是尽量让PPT中的内容堆在一起，不要分散得太开，要形成分类聚集。这是为了使观众把目光聚焦到一个地方，更容易地捕捉到关键信息。如果耳朵在听，眼睛还要在PPT上捉迷藏，那该多累啊。

　　如上图所示，修改前，页面中的图表偏于右上方，左下方大量留白，造成了页面内容分布不均衡——这会使观众以为还有内容未出现。这里作出两种修改：一是改变位置——把图表置于页面中部，二是增减内容——在原来留白的位置添加说明文本。

平衡

　　平衡是为了减少视觉上的不稳定，并使PPT的视觉空间得到充分的利用。我们通常能利用对称的原理尽量均衡地布置PPT中的各种形状，而不至于有的地方过于拥挤，有的地方过于空荡。

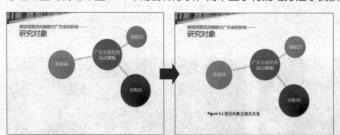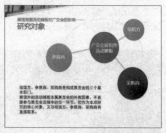

　　如上图所示，修改前图片分散太开，标题和图片、正文文本也不贴近，页面中无法集中到一至两个视觉焦点上。修改后，图片集中在右上方，文本相对均衡地分布在下方，页面显得充实、有序了。

Skill 1 参考线、网格和对齐功能

无论是划分PPT版面，还是布置PPT中的各种形状，参考线、网格和对齐功能都是很好的辅助工具。

参考线和网格犹如地图上的经纬线，能帮助我们在PPT中找准位置、把握距离。再在对齐功能的配合下，就能使图形快速地实现前文所说的几点设计原则。

除了找准位置，参考线还能帮助我们绘制直线。你是否也发现，有时绘制直线总会偏离水平或垂直方向呢？这可能是附近形状的连接点引起的。解决这个问题的方法很简单，就是先把参考线移动到需要绘制直线的位置，然后在参考线上绘制直线。因为，参考线是有智能向导功能的！

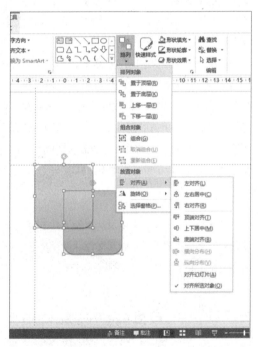

注意在版式上区分内容的主次

对不同层级的内容，我们要在版式上加以区分，使页面中居主要地位的内容能够第一时间被观众关注。这主要靠两个办法——控制大小和位置。

3/4　版式引导视觉

版式设计能够在配合和引导观众视觉的过程中起到很大作用。卓越的PPT版式设计，不仅能够吸引观众的目光，还能够指挥观众的眼球。

单页PPT中的视觉引导

先看什么再看什么，一般人都会自然地作出选择。按照人的这种选择，我们会形成一种次序，在版式设计中体现出来，从而合理地安排演示的内容。

从大到小。大家读PPT通常会先看大的文字和图形，再看小的。**文字和图形越大，在PPT上就越显突出，也越容易识别。**这就是为什么标题文字的字号通常要比正文文字的字号大。此外有一些重要的文字和图形，我们也可以适当地置于较大、较突出的位置，以起到强调的作用，而注释文字和其他图形则相对占据周边较小的空间。

图中这张报纸似乎比PPT更能说明问题。我们首先会关注这张报纸上的大标题和大幅图片，然后才会去看那些密密麻麻的文字。看了标题，然后才会看标题上方的副标题。看了图片，才会看图片下方的注释——如果没有这幅大幅图片，你又怎么会知道下面的那行小字是注释呢？

从左到右、从上到下以及从上到下、从右往左是两种不同的视觉顺序。这主要是由文本的方向决定的。文本和图表的排版通常是默认使用从左到右、从上到下的视觉顺序，一般只有中文文本排版才会用到从上到下、从右往左的排版方式。

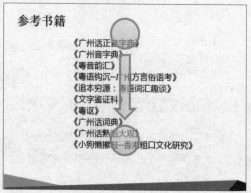

而一些复杂的图表，其自身的结构本身也会引导观众以不同的视觉顺序去阅览。当然，这可以利用动画效果去配合图表的内在逻辑，在后面的章节中我们会详细地提及。

图片和文本的视觉次序应保持一致。当PPT中出现了图文混排时，还可以利用图片的内容去引导观众的视觉。同时图片本身也应与PPT中的其他内容相互配合。

以上是两张内容相同、图文位置相反的PPT。由于头像图片本身即形成了一个视觉焦点，左边一张无疑是从左到右，照片中的目光引导着我们向右阅读文字。而右图就令文字内容和图片"背道而驰"了，观众的视觉容易分散到两个方向。

演示文稿整体的版式编排

大家在仔细斟酌每一页PPT的版式设计的时候，是不是也容易忽视了从整份PPT的角度去考虑版式设计呢？我们可以通过上下页之间的合理编排来引导观众的视觉，使我们的演示更加引人入胜。

线性的过渡。 上下页之间可以引入线性的过渡，通过特定方向的切换效果使两页PPT看起来是连在一起的。

情节式过渡。 上下页之间有时可能会制造一些"欲知后事如何，请听下回分解"的感觉，这同样可以利用特定的切换效果和版式设计来实现。

采用推进式切换效果的版式设计

以下是一个采用推进式切换效果的案例。

PPT中的一些对比、分类关系直接融入到整个页面的设计中，利用白色、草绿色的明快的区分，通过特定的方向的推进来表现演示内容的连贯性，如下图所示。

在设计过程中，需要注意以下几点：

- 背景的作用尽量弱化，转化为图表的构成部分。
- 整个演示文稿在多数幻灯片都以图表呈现的情况下，控制文本的数量。
- 图表的设计需要与页面的切换效果（主要是推进效果）相配合。属于同一部分或章节内容的幻灯片尽量以相同的方向推进出现。

突破局限：把图文内容扩展到整个页面

大多数PPT都是在页面中一个无形的约束和局限下分布内容的，就像下面案例这样。

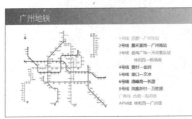

这里所说的限制，就是前文中提到的"保险地带"。对于整张PPT而言，图片、图表、文字都是内化的，只能收缩不能扩张，无法尽可能多地利用页面中多余的空间。对此，我们作以下改造。

在图文内容的焦点不逾越"保险地带"的前提下，把图片和图表的边缘延伸到页面的边缘，去除可见的版式划分（包括标题栏、导航、图表栏等），力求使PPT中的视野最大化。上面四张PPT改造以后变成这样：

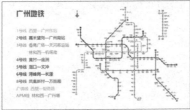

为什么会把背景设计单独作为一个部分进行讲解？因为在一张幻灯片中，背景设计营造了一个视觉空间，一切图文内容都要在这个空间中陈列出来。即使是空白的背景，其背后也蕴含着设计的奥妙。

Chapter 4 /

背景设计

Skill

如何选择合适的纯色背景
解构：如何构建图片式背景
如何寻找合适的PPT背景

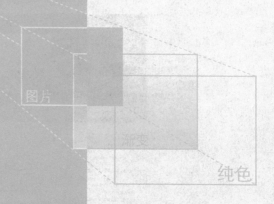

4 / 1　立体空间还是平面空间

　　我们经常能直观地感受到，有的幻灯片中图表呈现三维立体效果，整张幻灯片似是一个立体空间。而有些幻灯片显然就是一块幕布、一张纸，图表和文本都是贴上去的。造成这种视觉效果差异的便是背景。由此说明，幻灯片背景对于整张幻灯片的视觉效果的营造有很重要的作用。

如上图所示，分别是立体效果与平面效果的呈现。左图的背景是一面有光照的砖墙，明暗差异下的实物背景加上文本的三维和阴影效果使得幻灯片的立体化相当理想。而右图是近乎纯色的碎花纹理背景，图片和文本像是一片一片粘贴上去的，平面效果较突出。

4 / 2　PPT背景：从极简到繁复

　　PPT的背景设计有很多种，下面对经常用到的一些类型分别来说明一下。比如可将其分为抽象型背景和具象型背景，从最简单的纯色填充到图片和图形结合的背景，从简单到复杂，但每一种都要遵循合理的设计原则。

纯色背景

　　纯色背景的运用并不像想象中那么简单，一般来说我们并不主张以最高纯度的色彩来填充背景，因为这样容易喧宾夺主，使图表和文字的视觉效果大为削弱，同时还可能会因投影设备的显示导致在演示时产生更大的色差。

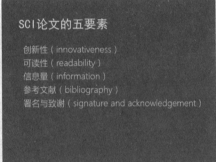

渐变填充背景

　　渐变填充背景比纯色背景稍微复杂。渐变填充可以是单色在明度上的变化，也可以是两种颜色的渐变。但注意用作背景的色彩渐变应该趋于简单，即尽量只有一个渐变过程并且颜色数量不要太多，不要形成波浪式的填充。

　　如上图所示，是同一色彩下的两种不同渐变效果的背景。渐变的方向、路径不同，会产生不同的光感和质感。

Skill 1 如何选择合适的纯色背景

在调色板上选择作为纯色背景的颜色，可以按以下步骤进行：

1. 在调色板上选取所需的色相

除考虑色彩的纯度外，还要注意选色的准确性——例如选取蓝色时，向左趋于青色（冷），向右趋于紫色（暖），这需要根据演示内容的需要慎重地选择。

2. 选取所需色相的合适明度

同一色相的不同明度，可能会产生让我们从直观的视觉上以为的不同颜色。例如天蓝色并非提高纯蓝色的明度就能获得，而是还需要向绿色方向稍作移动。所以在调整明度的同时，也需要考虑色相的因素，以获得需要的色彩。

我们利用纯色填充作为背景时，有时会直接使用主题中包含的几种配色，但更靠谱的还是自己到调色板中选择合适的颜色。

如下图所示，可以在"设置背景格式"窗格中选择"其他颜色"选项，在"颜色"对话框的"自定义"选项卡中设置即可。

在这里，不论是RGB模式还是HSL模式，我们都可以选取255^3也就是16581375种颜色——这是由色值而定的。前文讲过，纯色背景的色彩纯度不宜太高，所以在自定义调色板中，选用红色框圈出的这个区域中的颜色更适合用于纯色填充背景。

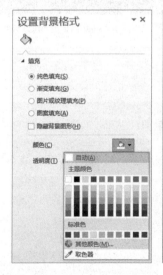

抽象图形背景

可以很容易在网上找到一些适合做PPT背景的抽象图片，许多还是可以随意控制大小的矢量图（用作PPT背景前要转换为jpg或png等通用的图片格式）。也可以自己在PPT中通过插入形状来绘制，PowerPoint自带的模板就是这样的。利用抽象图形作为PPT的背景，可使背景不至于太单调，并可在适当点缀之余合理划分版面。

上图所示均为使用抽象图形作为背景PPT，由此可见通过简单的图形设计也能达到很丰富的效果。

图片背景

　　这里所说的图片主要是指照片。图片做背景要注意简洁，有充足的空间留给图片和文本，并且明暗变化不要太大。图片也可以与一些形状结合起来，使背景的比例趋于合理。

图为我们为中山大学90周年校庆特别制作的PPT背景。这些背景均使用了图片，图片在背景中所占的比例从95%至25%不等，并分别结合实际采用了形状裁剪、半透明形状拼凑、渐变虚化等处理方式，既让图片不至于过分突出，也便于幻灯片的排版。

解构：如何构建图片式背景

前面提到了3种图片式背景，分别是利用了形状裁剪、半透明形状拼凑以及渐变虚化的处理方法。那么，具体是怎么实现的呢？

1. 形状裁剪

①插入一张蓝天白云的图片和一张已**删除背景**（图片工具-删除背景）的中大牌坊图片。控制好图片的大小，在PPT中留出白边。

②同时选中两张图片，剪切，**选择性粘贴**为图片，这时两张图片就合二为一了。单击**图片工具-裁剪-裁剪为形状**，选择裁剪为圆角矩形并适当调整圆角的弧度。

2. 半透明形状拼凑

①在PPT中插入一张图片，将其放置在页面的上半部。

②插入一个表格（3行×7列），把表格的边框设为1.5磅，再对各个单元格进行不同程度透明度的白色的填充。

③调整表格和图片的位置，使表格刚好覆盖在图片上。

3. 渐变虚化

①插入图片，置于PPT左下方。

②针对图片内容的分布特点，插入4个矩形，均填充为白色-透明的渐变效果（背景为纯白色），渐变方向分别为左上-右下、上-下、右上-左下、右-左。

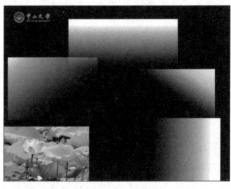

③把4个矩形均叠加在图片上，适当调整其大小与位置，确保左下角的图片与背景能够和谐地过渡。

4 / 3 匠心独具的背景构建法

强调立体空间或平面空间的背景

为了突出图表和文字，有时需要刻意把背景构建成一个具有较强观感的立体空间或平面空间。立体空间可以通过色彩的明暗变化或使用相关的背景图片来实现。平面空间则可以通过纯色背景或图表自身的阴影效果来实现。

左图是一个三维效果强烈的PPT背景。通过色彩的明暗变化和若干线条形成的透视性引导（上下两部分均趋向同一条水平线变暗），我们会感觉这是一个墙脚位置。右图是以一块钢板为背景，其独特的纹理会让人形成很强的实物感，认为是在一个平面上。

当背景已不再重要

有时背景会与图形连成一个整体，通过动画的形式呈现出来。这时候整份演示文稿看起来是非常连贯的，背景的作用就大为弱化了。这种情形下，图表和动画会全然不受背景的限制，但是它们作为幻灯片的全部，就更需要用整体的思维去把握。

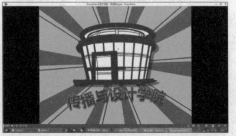

如图所示，建筑从PPT中心部位扩展出现，而中心放射出来的覆盖了整张PPT的放射状色条是持续以顺时针方向旋转的。由于背景通常是以静态的或者相对稳定的形式出现的，这时候PPT背景就可以被忽视了。但是，要注意不能露出破绽——旋转中的放射状色条一定要能够把整张PPT覆盖住。

背景明度的两个极端

背景应该趋于越明亮和越黑暗两个极端。当达到最明亮和最黑暗时，便是纯白色的背景和纯黑色的背景了。当背景色彩的明度为50%时，要通过色彩的明度来突出文本及图表的效果是最为困难的，单纯地通过色相的差异来突出文本及图表也是不现实的。

那么背景在什么时候会是越明亮越好，而什么时候会是越黑暗越好呢？

多数情况下，幻灯片是通过投影仪投射到幕布上的，我们看到的幕布上的映像是由光反射出来的，幕布本身不是光源。而幕布周围的物体能被我们看见，也是因为光的反射。所以，在阳光或灯光照射下，投影仪发出的光自然会受到干扰，投影幕布上反射出来的除了投影仪的光，还会有阳光或灯光。所以在一个明亮的空间里，幻灯片的背景自然是越明亮越好。

至于那些深色的趋于黑暗的背景，则需要一个光线相对不足的环境。只有在一个相对昏暗的环境中，深色背景上的图文内容才能很好地展现出来。这样的演示效果是非常惊艳的，通常都会给人留下十分深刻的印象。

背景去噪

纯色背景固然不宜多用，但是也不要使用那些让人眼花缭乱的图案做背景。这主要是避免两种情况：一种是背景的色彩太多，另一种则是尽管色彩不多但图案的纹理不合理。

大多数情况下，幻灯片背景上的颜色不要太多，最好不超过3种。这样做好处在于，能够降低观众识别信息的难度，以及避免因配色不合理导致误读的几率。像以下这样的背景是不可取的：

有些图片或图案尽管色彩不多，但是不同色彩之间交替频繁、节奏强烈，严重干扰视觉，这样的背景也是不可取的。例如下面的图案：

Skill / 如何寻找合适的PPT背景

除却简单的纯色和渐变填充背景，有时我们也需要到网上去找合适的背景来与演示文稿的内容进行天衣无缝的组合。注意，我们找的仅仅是背景，可不要迷失在图片的海洋中哦！

1. 素材网站

我们主要是到图片网站上查找适合用于背景的图片。在图片网站上，许多图片都是精心设计的用于网页或平面出版物的背景的，因此大可以转化到PPT中使用。我们可以通过网站的资源分类或内置搜索引擎来找到我们需要的背景图片。

现在要直接找到jpg或png格式并且版权允许的高清图片并不困难，但也有不少图片素材是eps格式的，这需要我们通过Photoshop或Illustrator软件进行调整后再行使用。

2. 搜索引擎

没错，还是搜索引擎。搜索引擎找图片还是有用的，只不过要注意技巧。搜索时，要注意结合自己需要的背景的特点来设定关键词，并加上"背景"、"纹理"、"设计"之类的词语一起搜索。

3. 动手拍摄

自己动手拍照，这是一个不断积累的过程。如果你经常需要做PPT，不妨自己多拍些照片，日常生活中有不少事物是可以转化为背景的，例如一面墙、一块布，甚至是地板。同一样事物，当你放大成PPT背景的时候，效果会和平时从远处看完全不一样哦！

用怎样的思维做动画?

如何将想要的动作呈现在幻灯片中?

如何使动画设计的想象力更丰富?

相信这些是很多人在制作PPT动画过程中都会遇到的实际问题。我们认为,你需要的不是大量的动作素材、案例,你最需要解决的是思维、执行、想象力这三个问题!

动画的制作有繁有简,内容众多,本章将去掉繁琐的技术解构,从动画制作的思路和模式上让你有质的提升。

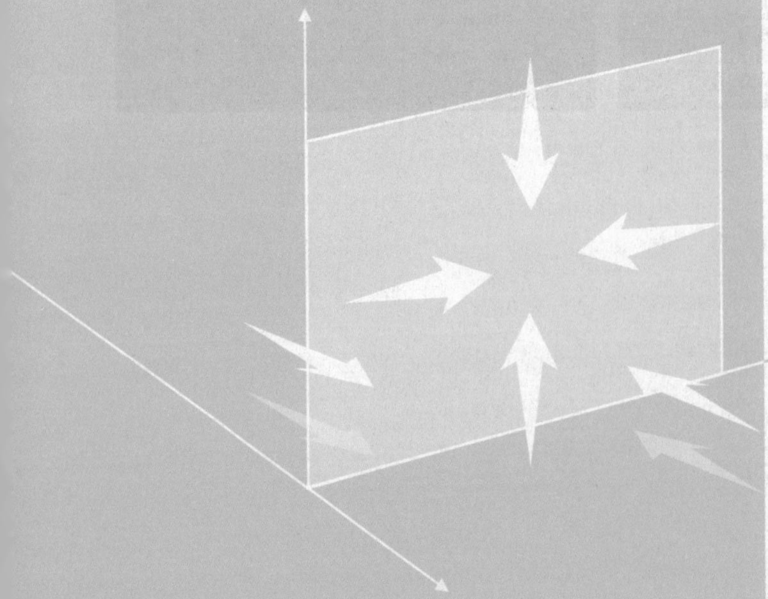

Chapter 5 /

动画视觉设计:做最好的『动作片』

Case Study

五十度灰预告片启示的动画设计

Case Analysis

果因工作室介绍片段
TED演讲之我们为什么需要睡觉

Skill

一般演示文稿的动画视觉设计技巧

5/1　做一名导演兼编剧

像电影一样导演幻灯片

　　演示中的动画设计与电影的相似点在于都是通过动态影像来表达作者观点。电影在银幕上放映，更强调画面与声音的结合，以变化丰富的动作、声音、色彩、节奏、情调、寓意等将内容传达给观众，同时刺激观众的感官。演示文档在幻灯片中放映，配乐不是必要的，但演讲者的解说是结合幻灯片中展现的内容而推进的，情景的营造手法和电影表达手法如出一辙。

　　电影艺术博大精深，很多地方值得演示动画设计借鉴。

- **镜头感**——摄像角度，长、短镜头，推、拉、摇、移、跟、甩等；
- **内容表达**——可以借鉴蒙太奇、叙事、写实等手法，以及借鉴如何控制内容呈现的节奏，这一点在幻灯演示上尤为重要；
- **动画创新**——多观察电影的镜头、画面的呈现技巧，有助于在动画设计上激发新想法。

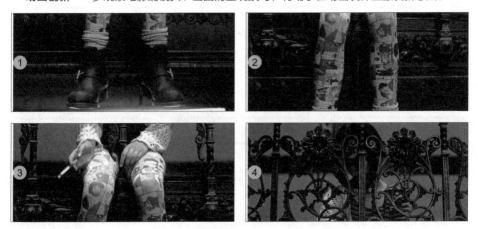

　　上图出自《这个杀手不太冷》，一部教科书式的经典影片。它处处体现出导演吕克·贝松对视听语言与影视艺术创作规律的创造性把握。玛蒂尔达的出场非常巧妙，镜头首先聚焦到她的大头皮鞋，然后上移到她印着卡通画的紧身裤、拿着香烟的双手、半披着的外衣，最后是玛蒂尔达无力倚靠在黑色栏杆后的近景。当我们看到鞋和紧身裤时，会猜想这应该是一个天真可爱的小女孩，但随着镜头缓缓上移，我们发现这个小女孩竟然拿着香烟，竟然穿很成人化的外衣，并有着那样悲伤而疲惫的神情。一个镜头，将小女孩自身的矛盾完全展现出来，我们自然而然地就知道了她是个非同一般的、有故事的孩子。

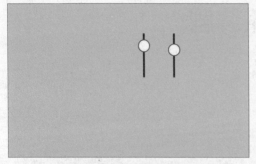
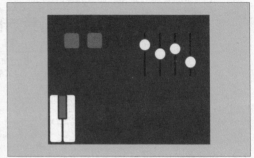

如图所示，通过控制元素的出场次序，有效地制造了"错觉"。第一张图会让人猜想那是两只鱼蛋，当更多元素出现的时候则让人开始有一点意会的头绪，最后完整地表现出来的时候发现是一个电子琴。

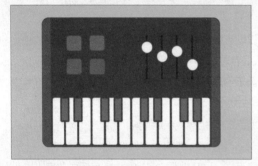

《这个杀手不太冷》场景呈现线索：

镜头 1 大头皮鞋	→	镜头 2 卡通裤	→	镜头 3 手持香烟	→	镜头 4 外衣半披

通过镜头的移动使观众的印象逐步圆满，但也趋于复杂，最后定格在外貌上。

电子琴场景呈现线索：

白色圆点	→	底座出现	→	完整电子琴
引起无边界的联想：乒乓球？围棋？汤圆？……		机器？串烧？可能是与演示主题密切相关的物品		从一众混乱联想中脱颖而出——电子琴

通过以上两个案例，我们总结出，在PPT动画设计中，可以充分利用画面和错觉去营造别开生面的场景效果，提高对观众的吸引力：

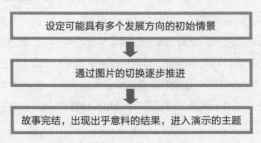

Case Study /

《五十度灰》预告片启示的动画设计

关于《五十度灰》这部电影，我们不过多介绍了，没看过的，请自行搜索。

我们注意到预告片中最后出现了"FIFTY SHADES OF GREY"的电影名称介绍字样，错落的淡出字样让《五十度灰》这部电影给人以神秘的感觉。如下图，为视频截图：

参照文字的出现动画，设计了如下的动画案例：

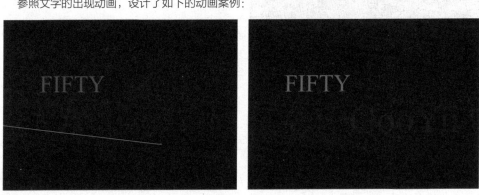

FIFTY SHADES
OF GooYii

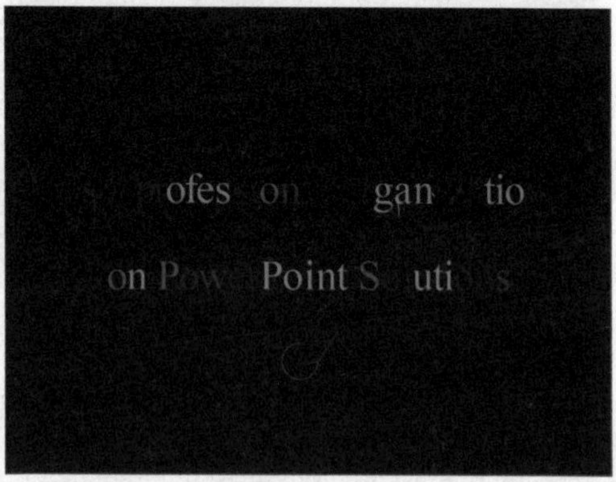

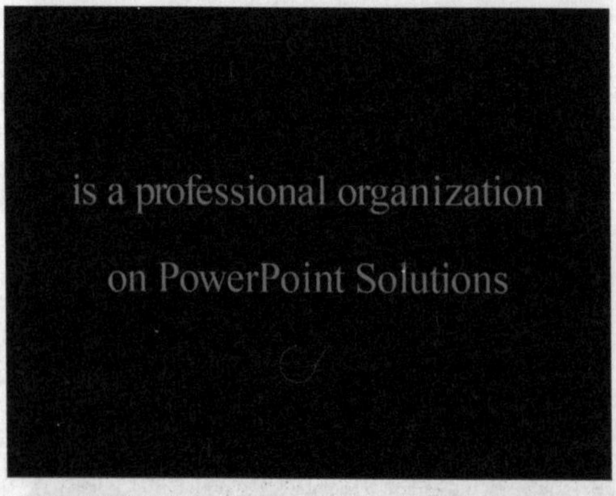

...ofes...i.n. ...rgan...atio...

...n ...... Point ....utio...

...ofes...on... ...gan...tio...

on P.w... Point S...utio...s

is a professional organization

on PowerPoint Solutions

案例中使用了淡出、字体颜色变化、放大等动画，对动画的时间作适当的调整，较为相似地模仿了《五十度灰》预告片中的场景。

5 / 2　动画视觉逻辑

自然力下的阅读习惯：影响画面平衡的两个重要因素是重力和方向

　　物体受万有引力影响会向下运动，这是我们潜意识里最容易接受的运动方向，这种潜意识会影响演示中的动画设计。要使动态画面保持平衡感，我们必须遵循以下一些基本视觉习惯：

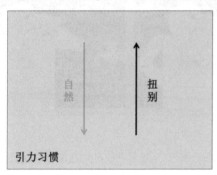

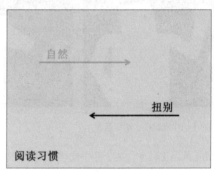

　　演示元素自上而下、从左往右的运动方向相比逆方向更加自然流畅，在视觉效果上更容易让人接受。相对地，自下而上与从右往左则显得比较别扭。

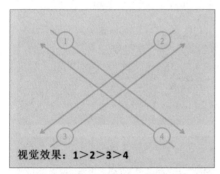

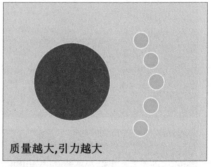

引力方向的作用大于阅读习惯方向的作用，因此当元素多向运动时，左上角到右下角的运动方向是最自然的，其逆方向则是最别扭的。

我们知道质量越大引力越大，而在视觉效果上，深色及体积大的元素等同于质量大的物体，更吸引眼球，通常为主要内容，因此在动画设计中要以质量大的元素为主体。

自然和谐

　　自然和谐是最重要的动画视觉逻辑之一。大众审美观之下，自然和谐的感觉有一定的规律可循：每一个元素的运动都应有它的存在意义，都为了表达内容而生，不应太脱节，不应喧宾夺主；元素的运动要表现得更和谐且专业，则应遵循视觉逼真、动作连贯、节奏明快等要点。

作品《喝水》：视觉逼真、动作连贯

　　作品《果因工作室介绍》中，文字介绍分成了四段出现，添加了四种不同的效果，由于控制动画时间和速度，最终实现了节奏明快且酷炫的视觉效果。

作品《果因工作室介绍片段1》（具体动画效果详见附赠资料）：节奏明快

果因工作室介绍片段

Case Analysis /

大部分优秀的动画，其动画都能做到节奏明快、快慢恰当，给人以干净利落的感觉。如何控制节奏，使节奏变化得当，时快时慢，是动画制作的难点。

本案例通过控制时间轴的时间，将多种动画组合，实现了节奏明快，给人酷炫的感觉，同时也清晰表达了该幻灯片的演示意图。

出场两个矩形均采用了"上/下浮"和"压缩"的组合动画，压缩浮出的感觉，让视觉感受流畅舒适。

调出"动画窗格"和"选择"窗格，可以看出元素在进入及退出的节奏，在对时间进行调试后，精准地让各元素有自己的路径、动画以及进出节奏；通过对图层的调试，让元素更有层次感。

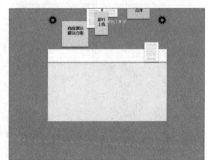

各元素在退出时，更应干净利落，不可拖泥带水。同时，本案例中让元素有不同的退场时间，营造一丝"参次不齐"的感觉，让画面显得更活泼而不至于生硬。

结尾的两句话更是模仿了耐克广告结尾常用的手法，让组织名称与口号先后出现，使结尾更加干脆，把演示文稿要传达的信息轻快地表达出来，令人印象深刻。

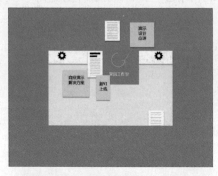

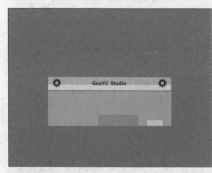

5/3 动画效果及应用

在设计动画时，首先要考虑的是如何通过动画提升内容价值，优化信息输出的效果，并在此基础上考虑观众的视觉接受程度以及信息处理速度，不做无用功，不做无意义的动画。

在一般演示文稿中，我们在设计动画时主要考虑以下效果：**出现、消失、强调、衬托**。

出现动画

元素的出现动画，应与元素本身传达的信息相关联，不可过分偏离其意。根据动作的出现效果，可划分为**"原地动作"**以及**"位移动作"**两类动画。

原地动作的出现动画，即元素本身没有产生位移，在原位置上发生动画效果，更适用于控制内容演示节奏。一般有以下动画效果：出现、淡出、擦除、随机线条、阶梯状、棱形、旋转、展开等。

位移动作的出现动画，即元素在出现过程中产生了位移。此类动画一般应用于以下情况：元素具有方向性意思；元素本身有方向指示（如箭头）；文档的整体演示风格有方向性；作"强调"效果时（强调效果的动作一般具有方向性）；等等。

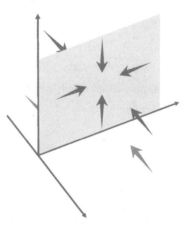

元素进入方向多样化，在平面内可以从各个方向进入，在空间上可以从屏幕内外多个方向进入。

消失动画

类似出现动画，消失动画也可分为**"原地动作"**以及**"位移动作"**两类动画，定义与上文一致。

原地动作的消失动画，最常用的动作主要为淡出、消失、擦除。这三个动画效果应用比较广泛，为消失动作中使用效果最保险的动作，计元素的消失不会拖泥带水。此外，元素消失后总会伴随另一元素的出现或者移动，在适当的配合下会出现意想不到的效果。

 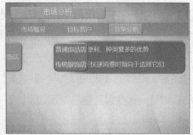

深蓝色的色块使用了擦除的消失动作。同时，橙色色块随着擦除的方向移动，绿色色块从左飞入。

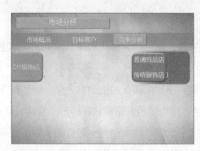 

动画时间控制得当，视觉感受流畅。

位移动作的消失动画，与位移动作的出现动画相似，此类动画一般应用于以下情况：元素具有方向性意思；元素本身有方向指示（如箭头）；文档的整体演示风格有方向性；作某些出现元素或者移动元素的衬托；等等。

在上文案例分析"Case Analysis：果因工作室介绍片段"中，元素在后续均以下沉方式离开界面，一方面是整体动画设计风格具有向下出现及向下消失的方向性，二是多个元素以同样的方向出现或消失能使视觉体验更流畅。

强调动画

强调的方式主要有：**色彩变化、大小变化**。

色彩变化，是强调效果中最常用的效果之一，即弱化次要元素的色彩，突出主要元素。通常有两种表达方式：一、通过色块或色框的使用；二、通过颜色变深、填充颜色、变淡、透明等强调动画的使用。

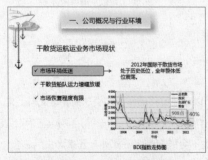 

通过色块的使用，强调了信息点的移动。

通过对色块及文字的颜色调整，有效突出演讲过程中的主要信息，弱化次要信息。
动画主要使用了字体颜色及对象颜色。

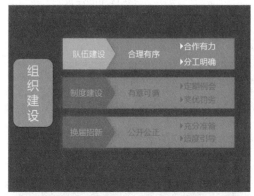
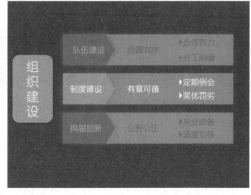

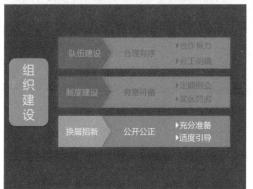
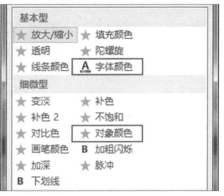

　　大小变化，即通过元素大小的变化达到强调
的视觉效果。通常以"类脉冲"效果突显信息，
达到强调的效果。也有通过放大元素的方式，以
突显其信息，但这种方法使用较少。

在附赠资料内附有三种关于"大小变化"的强调效果。
效果1有两个文本框重叠，是基本缩放加放大的效果，以
及出现和淡出的组合动画；效果2是效果1的简化效果，
仅有放大及淡出的组合效果；效果3是简单的脉冲效果。

衬托动画

　　衬托动画，即动画本身对信息的表达仅起衬托作用，而不是直接为了表达信息而设置的。我们知道，在看到一些信息的时候，总会想象相关的画面，而当幻灯片中需要表达的信息无法明显地直接表达画面感时，适当的辅助元素将有助于增强这种信息所传达的"想象感"。

　　再次回到电影的镜头，八一电影制片厂的片头总是那样振奋人心，红五角星在银幕中央光芒四射。这些光线其实是白色线条，只是对红五角星起到衬托作用。在电影技术相对落后的六七十年代，这样的设计能让观众产生丰富的"想象感"。

　　右图为案例"工业革命的影响"的封面，为了增强画面给人以"工业革命"的气息，增加了齿轮、类风车、电脑等元素，并伴以陀螺转的动画。

　　右图传达的信息是"新中国万岁"，而为了让信息得到更有效的表达，我们在背景处设置了透明线条，配上陀螺旋的动画，这样整体画面更显立体，让画面更符合人们对"新中国万岁"的想象感。

Skill /

一般演示文稿的动画视觉设计技巧

何为一般演示文稿？就是可以满足日常工作的简单演示文稿，它无需专业级复杂的动画，仅靠简单动画支撑亦能达到不俗效果。

掌握动画制作的基本功能（时间轴、选择窗格、效果选项、动画刷）

　　要做好动画，必须先会基本功，主要包括时间轴、选择窗格、效果选项、动画刷，任何复杂或简单的动画均离不开这几种功能的使用。

调出"动画"窗格可看到各动画时间轴，时间的掌控对一个动画的表达效果至关重要。

调出"选择"窗格，可以看到元素的图层关系，以及选择显示和隐藏元素。在幻灯片中有大量元素存在时，这项技能对提高精准度和效率有很大帮助。

多用原地动作的动画

　　一般演示文稿中，动画的设置应顺应演示的逻辑，不要太过花哨。因此，多使用原地动作的动画会让演示更有逻辑，更干脆明了。

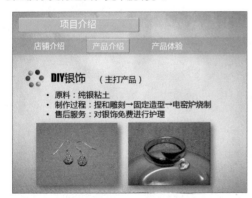

在多个产品介绍切换过程中，不宜过于拖沓，直接使用淡出和淡入的动画，让动画更加干脆明了。

　　我们知道车是靠轮子滚动前进的，所以圆形更适合做旋转动作，而箭头应朝着指向方向运动，这些都是基于我们的常识而做出的反应。因此，我们在设置动画时，应该考虑该元素的性质，包括形状、运动方向等，做出相应的动作。

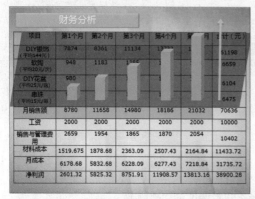

财务分析表中，为表达月销售额的增长模型，黄色柱状以向上切入表达出数据的上升之意。

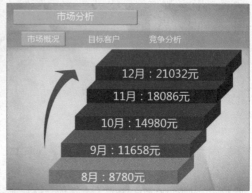

以阶梯状逐渐上升来表达每月递增的销售额，给每一个阶梯设置下浮的动画，在视觉上营造一步一步走上台阶的感觉。

5 / 4 创意动画设计

一个有创意的动画是需要根据现实去创造的，它的存在应该是对演示有价值的，需要善于观察生活，也需要对细节有仔细的琢磨。

创意源于生活

创意源于生活，多观察身边的事物，学会分解动作，学会简化复杂的动作，然后在幻灯片中实现这些动作。

下面是模仿垂柳做动画设计的过程，将现实生活中常见现象在幻灯片中实现。

图片：红圈作品《春风拂杨柳》

当风停时，柳条回归自然垂直，婀娜唯美，要仿照这种效果来做动画会很有创意，且难度系数不大。

首先分解垂柳的动作过程，从倾斜到垂直，越是下边的部位其位移越大，倾斜程度也更大，如右图所示：

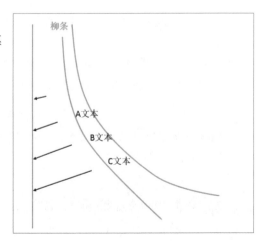

把动作分解后，接下来是最重要的问题，即如何在幻灯片中实现。ABC三个文本先是按顺序淡出，配上展开动画，以及向左下移动的路径，三个动画叠加，时间长度一样，而每个文本的出现顺序不一样，这样就实现垂柳的效果了。

最终效果如下图所示，案例源文件参考附赠资料。

生活中所见事物的运动各有特点，要对它们的动作进行分解并模仿，有不同的方法和技巧，但它们的要领相似：

- 繁化简，逐步分解；
- 不必过于强求100%的动作模仿，但要有一定的辨识度；
- 对PPT自带动画的熟悉程度影响着创意动画的设计，因此需要对大部分常用动画的效果了如指掌，才能在创意动画的设计上得心应手。

营造富有动感的画面

"动感"一词是给人以栩栩如生的感觉，因此在设计动画中不要过于僵硬化，尝试多些添加一些细节上的动作。

如下图案例，如果单纯只有缩放出现及缩放消失，则感觉略显常规，而创造性地添加细节，会让出现及消失动作显得更生动活泼。案例可见附赠资料。

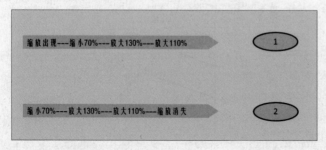

（1）缩放出现后，加入速度极快的缩小70%、放大130%、放大110%。

（2）缩放消失前，加入速度极快的缩小70%、放大130%、放大110%。

如下图案例中，电脑屏幕上的曲面及曲线在来回移动，使画面更富动感。

设置左右两边与背景同色色块及电脑边框的置顶，使移动的曲面及曲线实现在屏幕上移动的效果。

对曲面及曲线设计自定义路径，然后画出向左运动再折回原处的路径。

在效果中设置"时间"及"重复"的参数。

全景动画设计

有些内容可能需要多张幻灯片表达，为了让它们不过于脱节，也不显得生硬，我们可以使用PowerPoint中"推进"的切换效果，让幻灯片如同连在一起的一样，营造出更大的空间感的场景，让信息传达更有效。

TED演讲之我们为什么需要睡觉

罗素 · 福斯特（Russell Foster）是一位研究脑部睡眠周期的睡眠神经科学家。

　　福斯特提出一个问题：关于睡眠，我们知道什么？事实证明，对于占据我们三分之一生命时光的这件事，我们知之甚少。在此次演讲中，福斯特分享了关于睡眠原因的三种流行的理论，揭示了对于不同年龄层需要睡眠量的一些迷思，也提出了一些大胆的将睡眠作为预测心理健康的新用途。

　　在演讲过程中，福斯特所使用的幻灯片营造了一整个场景，让人感觉是在看一大幅的幻灯片场景，而不是若干张幻灯片拼凑的演示。

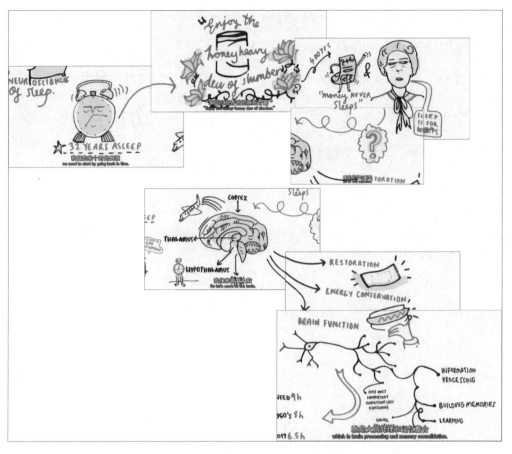

思维导图式的演示，由于在同一页面有着大量的信息，直接拿来做演示会令观众眼花缭乱。类似福斯特的做法，将视觉落点放在某一处，伴随着演讲的推进，移动视点到不同的位置，这样便使演说既生动又清晰明了，让观众更容易接受。

该视频案例可在TED官网及国内门户网站的公开课网站搜索获取。

文字是人类文明的重要标志。适当的字体设计不仅能使信息准确而迅速地传递，还能使演示文稿增色不少。PowerPoint为我们提供了简单而实用的文字美化工具，通过本章介绍的这些简单的技巧，便能为幻灯片中的文字画龙点睛。

Chapter 6 /

字体美化：字字珠玑

Skill

外部字体的应用与显示安全
全文字型PPT设计
中国好字体打造中国风

笔画开始和结束处有额外装饰	衬线字体 Serif	笔画各部分的粗细不同
笔画开始和结束处没有额外装饰	非衬线字体 Sans-Serif	笔画各部分的粗细相同

6/1 选择合适的字体

每一种字体，从字形到笔画细节都是由设计师精心设计的，都有特定的设计含义和适用环境。幻灯片中使用的字体固然不宜太多，但也要细心选择和运用。

从衬线字体和非衬线字体说起

衬线字体（Serif）和无衬线字体（Sans-Serif）的说法来自于西方的字母体系，其差异主要表现在西方字母的书写笔画上。当我们不需要复杂的字体表现效果时，可以先从这两大类入手作出选择。

衬线和非衬线字体源于铅与火的雕版和活字印刷时代。为适应日益增长的信息传播需求，雕刻技师和书法家们不断地改进字体，使其在尽可能小的字号中仍能被清晰地辨别出来。其中，衬线字体更能适应字符收缩的调整，多变的细节使若干个字母或文字组成词句时更显连贯性，一直是最适合大段文字编辑的字体。所以在PPT设计中，衬线字体也就当仁不让地成为了大量正文特别是整段文本的首选字体。

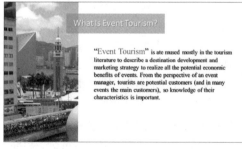

无衬线字体笔画匀称，就单字而言更易于识别，所以更适用于单个的词语和标题，以形成较强的视觉冲击力。除此以外，那些笔画较粗、单字范围内剩余空白较少的字体也适用于单个的词语和标题。

摸透字体的性格

字体和人一样是有性格的，能够以外在形式直接表现出来。所以选用字体时，内容与其他设计元素应该与字体的性格是匹配的。我们从一般的商务类PPT考虑，把字体的性格大致分成以下几个类型，以便大家选择合适的字体，让读者迅速进入氛围。

1. 简约时尚型

简约时尚，首先体现在字体没有画蛇添足的修饰，简单、美观又不至于沉重、压抑。在细节上，笔画多以水平、垂直方向为主，没有过分的曲折和变形。这类字体集中在黑体和宋体类，在各种商业演示和学术报告中经常使用。

幻灯时代	方正兰亭超细黑简体（加粗）
幻灯时代	华文细黑
PowerPoint	Arial
幻灯时代	微软雅黑light
幻灯时代	方正博雅刊宋

2. 轻度修饰型

字形保持规整，在笔划上稍作修饰，一扫普通印刷字体的严肃陈旧之余又不过分夸张，在保持演示文稿的高度可识别性之余稍显轻松，与演示内容的主题更加贴近。倩体、金刚黑、菱心体等就属于这种类型。

果因工作室	造字工房朗倩体
果因工作室	造字工房悦黑体
果因工作室	方正姚体
果因工作室	汉仪菱心简
果因工作室	方正粗活意简体

3. 活泼开朗型

字体笔画在方向和粗细程度上变化多端，带有一定的变形，或张扬，或圆滑，或粗壮，是为活泼开朗。这样的艺术字体适合于一些较有个性的演示内容，特别是一些用作宣传和文娱活动的演示文稿。

幻灯时代	方正剪纸简体
幻灯时代	方正舒体
PowerPoint	Curlz MT
幻灯时代	华文彩云
幻灯时代	方正卡通简体

4. 古典华丽型

整齐一致的基础上，在笔画细节上的处理让人感到精致而庄重、富有质感，这是一些传统字体的风尚。这类字体以衬线字体居多，并且适合添加立体化和外部明暗变化的美化效果。

果因工作室	造字工房尚雅体
果因工作室	华文新魏
果因工作室	华文中宋
果因工作室	华文楷体（加粗）
果因工作室	蒙纳宋金黑

字体主题的组合

PowerPoint有字体主题设置（幻灯片母版-字体），可为演示文稿选定默认的中西文字体，包含了标题和正文两种不同层级文本的字体应用。在字体主题的组合上，有以下几个技巧可供参考。

1. 标题字体要比正文字体更醒目

标题选用的字体，其笔画可以比正文更粗、有更多变化。应当考虑到，标题字体并不限用于一级标题，还可以用于一些单独列出的短语和二级标题上，它要呈现的信息也往往比正文更简练、更具概括性。

2. 标题多使用非衬线字体，正文多使用衬线字体

基于上一点以及前文的介绍，非衬线字体用于标题会是一种不错的选择。标题文字相对较少，在页面上往往也要处于最突出的位置，用非衬线字体就非常适合。而正文通常文字较多且连贯，视觉冲击力相对较弱的衬线字体用在正文上，和标题的非衬线字体结合起来，自然相得益彰。

3. 标题加粗，正文保持简体

有时出于简洁易用等原因，整个演示文稿只能用一种字体。除了字号大小的区别，还能怎么办？此时就唯有色彩和粗细的区别了。色彩可以在主题色彩中选择，而加粗字体，是突出文字效果的最基本办法。我们不主张使用斜体，尤其是在中文字体中，因为这除了造成视觉干扰以外并无太多意义。

选用字体需要注意的问题

1. 不要选用过于纤细或粗壮的字体

为了确保文本的可识别性，特别是色彩相对复杂的时候，不要选用过于纤细或粗壮的字体。字体笔画过于纤细，在远处就有可能看不见。过于粗壮，笔画之间的间隙太小，可能使文字无法识别。

方正方魁简体　　　　　方正兰亭超细黑简体

2. 不要选用过于怪异的字体

除非特殊情况，一些笔画变化过于复杂、字形变异过于离奇的字体，最好不要使用。这样的字体不仅难以识别，还可能对观众的心理造成不良影响。

3. 每个演示文稿不要多于3种字体

幻灯片中，不仅图文内容要去繁就简，字体的种类也应该尽量少。为同一层级的文本配以统一的字体固然必要，但字体过多也会造成视觉混乱，难分主次。因此，在一份PPT中，请不要使用超过3种字体。对于文本层次的区分，可以通过文本加粗和设置不同的字号来实现。

4. 中英文字体须分开选用

多数英文字体在选用后并不会影响中文文本的字体，而只会改变英文及阿拉伯数字的字体。反之则不然。因此当文本中同时包含中文和英文时，需要分别选用不同的字体。

5. 部分中文字体有简体、繁体的区别

中文的简体和繁体在字体应用上是有区分的。有的相同设计的字体，会有简体版和繁体版之分。有的字体只能适用于简体，套用到繁体中文文本时会出现兼容性问题，繁体字会变成宋体。在为繁体中文文本选用字体时，要注意选用合适的版本（一般在名称上会有"繁体"的标注，如"方正启体繁体"）。

6. 避免使用直接造成排版瑕疵的字体

有些字体的效果会使字形显得过扁或字间距过大。这会在造成很大程度的视觉干扰。除非特殊需要，一般情况下要避免使用这样的字体。

Skill 7 外部字体的应用与显示安全

不是电脑系统和Office自带的字体，就PowerPoint而言，都可归于外部字体。使用外部字体，除却知识产权，还有许多技术性问题需要我们注意。

外部字体的安装与使用

字体下载下来，通常是tif等字体文件格式，安装以后即可使用。除了打开字体文件选择安装外，也可以把字体文件复制粘贴到控制面板的字体文件夹中。

寻找你想要的字体

没有目标的时候找字体，可以去一些设计素材网站或专业的字体网站寻觅。下面是一些常用的字体网站。

1. 最正版——常见经典字体版权商官方网站

网站名称	网址
方正字库	http://www.foundertype.com/
造字工房	http://www.makefont.com/
文鼎科技	http://www.arphic.com/cn/home.html
华康科技	http://www.dynacw.cn/

2. 最综合——全面搜索中英文字体，方便快捷

网站名称	网址
站长素材网	http://font.chinaz.com/
找字网	http://www.zhaozi.cn/
求字体网	http://www.qiuziti.com/
字体下载大宝库	http://font.knowsky.com/

3. 最西式——全面、新颖的西文字体下载网站

网站名称	网址
My Fonts	http://www.myfonts.com/
Fonts 2U	http://www.fonts2u.com/index.html

有目标的时候，倘若你发现一种字体却不知其名，可以到一些字体识别网站（如求字体网www.qiuziti.com），通过上传图片来确认你要的字体的名称，再搜索并下载使用。

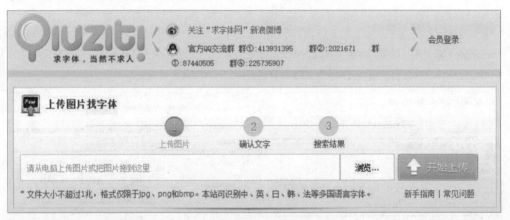

嵌入字体，确保显示安全

要使演示文稿中使用的外部字体在其他电脑中也能显示，需要把字体嵌入到演示文稿中。在PowerPoint中单击"文件"菜单按钮，选择"选项"选项，在"PowerPoint选项"对话框中可以做出选择。要指出的是，嵌入字体会使演示文稿文件变得更大。

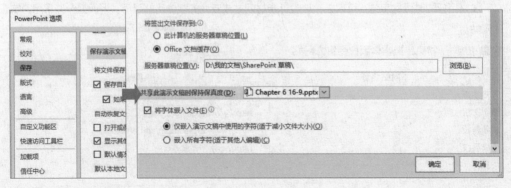

6 / 2 　文本的排版

　　前文介绍了整个幻灯片页面中的排版，而缩小到文本的字里行间，也有许多容易被忽视的排版细节。

合适的字间距和行间距

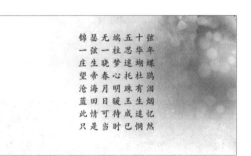

　　乍看上面两张幻灯片中的文本，你会觉得有什么问题？是的，左边分不清层次和段落，右边不知从何读起。所谓物以类聚，文字也需要通过合适的字间距和行间距来形成一个可以被准确识别的文本。不同的文本之间的间距，应该大于文本内部的间距。

1. 不同段落之间的间距要大于段落内的行间距

　　例如文本内部使用的行距是1倍，那么两段文本之间的间距就应该不小于1.5倍。这可以通过增加段前或段后的间距来实现。

2. 行间距要大于字间距

　　我们先设想行间距若大于字间距，会是什么样子？那就会反过来，原本应该是横向的文本就会被以为是竖向的了。有时为了实现特定的美化效果，可能会拉大字间距，但也不要因此而忘了控制好行间距哦。

再回头看上面的两张幻灯片是怎么修改的：

左边一张，仍然把幻灯片标题独立开来，并与下面的文本位于同一侧。文本的标题和正文采用了不同的字号和颜色，其中文本标题采用了居中对齐，并且与上面的幻灯片标题和下面的正文文本有较大的距离。这样，文本的层级一目了然了。

右边一张，保留了原文的横向排版，但是改成一行两句，每行的文字多了一倍，字间距也明显小于行间距，再把附注的标题加上，使观众很容易就能明确从左往右、从上往下阅读。

文本的对齐

在文本的内部，如果我们从个体的角度去看文字，那么文字排列在文本中就如同士兵在站队。向左看齐和站在同一水平线上，应该是文本对齐的基本原则。除了特殊需要，横向文本应向左对齐或两端对齐，这是因为横向文本通常是从左向右阅读的。如果同一行文本中有不同字号的文字，则应该向底部对齐。

上图即为"向左对齐+底部对齐"和"两端对齐+底部对齐"的案例，有效保证了文本的可读性。

居中对齐偶尔也是需要的，多数出现在文本每行之间相对独立并且需要逐行演示的时候。诗文和报字幕就是典型案例。

Skill / 全文字型PPT设计

你是不是也觉得很多高端大气上档次的全图型PPT教程看过后发现根本用不上？因为老板的要求每页都是大段文字啊！别说全图型了，插图都没地方放！那么，我们只好反其道而行之，做全文字型PPT了。

我们通过以下这个案例，介绍全文字型PPT制作的技巧。现在要把下列文本制作成一份用于演示的PPT:

为了贯彻落实关于加强拼装出口管理的工作部署，我关成立了一把手牵头负责的专项工作小组。立足老港实际，对拼装出口问题进行深入研究，吸收职能处室的专家意见，在现有法律政策框架下，拟定了业务改革方案，大胆创新尝试，突出源头治理、分类管理的监管特色，并以加强拼装出口监管为切入点，逐步破解掣肘老港发展的出口监管难题。现将相关的工作开展情况，结合PPT的演示向各位领导择要报告如下:

报告内容主要包括五个部分: 问题、风险、对策、目标、计划。（略）

1. 文字极简，大删特删

这份PPT的标题姑且定为《老港改革方案》。撇去封面，首先面对的是背景材料的大段文字。要让报告人和观众不因此瞌睡，最好是梳理成简单的几点，使之易读而富有条理。

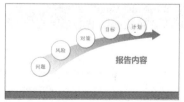

如上图所示，先把背景介绍的一段文字压缩成三点内容，然后把整份PPT的核心内容列成目录。值得注意的是，当我们没有图片可用时，利用形状适当地点缀是很有必要的。

2. 文字当家，排版优化

页面中只有赤裸裸的文字，文字只能连形状的活也干了。文字可以直接参与排版，在位置、布局上作出合理的安排，然后利用简单的形状加以配合。

这时文本独自形成不同的模块，可以采用"大字+小字"的模式进行组合。关键词、小标题等内容以大于正常文本1.5倍的字号，其余内容仍采用18至28磅的字号。

3. 背景纯色，文字出色

由于不再作为注释图表的次要内容，文字这时需要更为突出的视觉效果，在允许的范围内与背景形成最大的对比度。

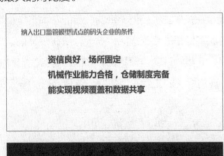
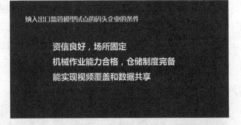

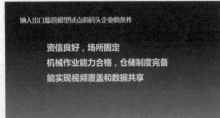
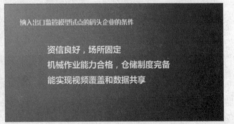

4. 切割页面，配衬重点

前文有提及页面直接参与排版，在页面上只有文字的时候这种方法尤其奏效。

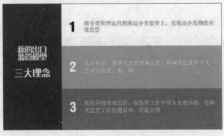

6 / 3　字体美化

　　文字时而可与图片无瑕地融合，时而可像七巧板般多变地排版，通过灵活的装饰点缀，可以与其他内容相辅相成，美观而有说服力。以下我们归纳了字体多种维度的美化方式。

文字造型法

　　给文字塑造一个吸引人的造型，优化画面的同时让人们的注意力集中到文字上去，很有力量感。文字造型可以通过拟物化和形状变换等方式实现。

文字是独立的形状，但文字是可以通过转化为图片或形状后进行结构调整的。我们可以利用分割和绘制形状的方式，对文字进行解构和重组，形成奇特的表现效果，使不同层级的文本能够融汇在一起。

图形衬托法

文字可以用图形和图标加以衬托和替换。添加的图形和图标，要与PPT的内容相配合。

自定义艺术字

　　艺术字效果是最常用的文字美化方法。Office 2010和2013的美术字效果就非常丰富美观，如下图所示，能满足大多数PPT设计的需要。只要掌握了自定义艺术字的原理，这些效果并不难实现。

上图列举的是软件自带的艺术字样式，全部都能通过艺术字效果的设置来实现。文字效果的设置与形状效果的设置如出一辙，下面我们对艺术字效果进行解构，这样便一目了然了。

Skill / 中国好字体打造中国风

如果从甲骨文算起，汉字已经有四五千年的历史了。千百年来随着书写和印刷工具的发展，我们创造和改良出许多风格独特的汉字传统字体。在PPT设计中充分利用好这些字体，打造吾国固有之风格，是中国幻灯片设计的应有之义。

汉字传统字体的应用

汉字传统字体的使用非常广泛，除了一般的正文使用，还有以下几种用途。

- **引用中文文本**。例如从史书典籍中引用一段话，为了使观众直接感受古典气息，不妨用传统字体来搭配。
- **突出单字、词组和单行文字**。大街上的招牌、广告经常是用传统的字体印刷甚至是手写的，这能使一些商号名称和广告语较其他名字更突出。所以对幻灯片中一些单独列出的单字、词组及单行文字，可以用传统字体加以强调。
- **美化装饰**。汉字是象形文字，不论是成段的文本还是单独的方块汉字，都能起到美化装饰的作用，这是汉字书法的魅力所在。所以汉字可以以水印或背景的方式，在PPT中起到装饰美化的作用。

使用汉字传统字体的注意事项

1. 尽量使用标准化字体

标准化的字体，也可以理解为"印刷体"，比手写字体更规范。但如今一些手写字体，许多单字内部笔画粗细分布不合理，字形不平衡，缺乏汉字书法基本的美感。手写字体还容易出现前一个字末画和后一个字首画不衔接的问题。

2. 传统字体要与文本含义相符

每种字体都产生于特殊的历史背景，因此在使用时要与文本的含义相符，否则会格格不入。例如唐代杜牧的诗"千里莺啼绿映红，水村山郭酒旗风。南朝四百八十寺，多少楼台烟雨中"，是描写南朝时期寺庙的，如果用北朝粗犷的魏体套到这首诗上去描绘这温婉的景象，就显得贻笑大方了。

3. 注意中文文本的版式

在过去，中文的书写和印刷都是由上而下、由右及左排版的。现代人习惯了从左到右的文本方向，却忘记了中文文本原来的方向。竖向排版的文本内部不要从左到右，这是常识。

4. 不要挑战观众认读能力

现在一般人能准确认读的汉字不早于汉代的隶书。像篆书一类早期的汉字字体，恐怕只有古文字学家和书法家才能认出来。因此非内容需要，就不要在幻灯片中用篆书、金文甚至甲骨文了。

常用中文字体如何用

字体	由来与特点	适用范围
仿宋	仿宋体是在宋体基础上设计的一种铅印字体，现代仿宋体的流行不过一个多世纪。仿宋的字形保持了宋体的端正，但笔画开端和收尾处的变化更丰富，笔画的方向也有轻度的偏移，显得轻盈、秀丽。	多用作较宋体低一级的正文字体，适用于公共事务类、学术类、文化艺术类的报告，一般不适宜在商务演示中使用。
楷体	楷体是现行汉字字体的标准书体，在汉代由隶书演变而来，千百年来手写和印刷均宜。楷体横平竖直，笔画特点与书写工具和运笔方式密切相连，将汉字的神韵展现得淋漓尽致。	各种演示内容、各个文本层级都可使用，尤其适用于呈现中文文本内容，但较难与英文字体配合和使用于中国风以外的设计风格。
隶书	隶书原是秦汉时期的书写体，字形扁平而富有气度，笔画相对柔和而浑厚，汉代以后逐渐只作为书法艺术字体而非日常书写和印刷字体使用。	只适用于标题或单独列出的字词，不能作为正文文本，基本不适用于中国风以外的设计风格。
魏碑体	魏碑体是介于汉代隶书与晋唐楷书之间的一种字体，形成于北朝，是当时北方社会风气和审美观念的缩影。笔画方正而硬朗，粗犷而潇洒，棱角分明，有别于楷书的细腻。现在看到的魏碑体多存于碑帖上。在后世中印刷与手书并用。	华文新魏等字体都是魏碑体在计算机字体中的形式。有较好的突出效果，多用于一级标题或单独列出的字词，不适用于正文文本。

上图的案例中，标题和正文文本均采用了仿宋字体。这份演示文稿的主题是近现代岭南建筑，而岭南建筑具有轻盈通透、秀丽奇巧的特点，与仿宋字体呈现的视觉效果恰好相符。

上图的标题使用了方正清刻本悦宋字体，正文使用了楷体。现存岭南古建筑中，以明清两代建筑为主，使用上述两种字体与这个历史背景相契合。

上图是商务型PPT的举例。标题使用了华文新魏，正文使用了楷体，从而使标题在页面上足够突出，楷体作为传统字体中最通用的一种也使正文足够规范。

有图有真相，图片能以其即时定格的画面带给观众强烈的视觉冲击。面对庞大的图片资源，选择适合的图片并以最好的效果呈现出来，无疑能为PPT添上点睛一笔。本部分从排版、美化等多个维度入手，介绍图片处理的一些基础性技巧，帮助你轻易掌握光影的魔术。

Chapter 7 /
图片处理：
光影之魔术

Skill

如何寻找高质量的图片

7 / 1　什么图片适合演示

说到图片，许多人以为是插入就了事，大不了再放大、缩小。其实如果把图片看作硬件，图片也是有许多规格参数的，我们必须选择合适的图片来演示。

使用通用的图片格式

我们通常插入到PPT中的图片都是位图，本质上是由称作像素（图片元素）的单个点组成的，所以位图拉大后会发现整个图像是无数单个方块构成的，如同马赛克。事实上，即使是软件生成的矢量图，多数情况下也会输出成位图再插入到PPT中。为了确保兼容性和可视性，我们提倡在PPT中使用通用的位图图片格式，包括jpg、bmp等，也可以使用png和gif等一些其他常见格式。

适合投影的图片分辨率

图片分辨率是图片质量的一个重要因素，像素太低，会显得模糊不清。这里我们通过PowerPoint自带的图片压缩功能中给出的几个参数，可以了解适合投影的图片分辨率。

在PPT中，图片经常会拉伸或缩放来使用，通过像素数目ppi（Pixels Per Inch，每平方英寸所拥有的像素数量）可以了解图片的像素大小。一般地，为了保证演示效果，插入到PPT中的图片（包括压缩以后）不要小于96ppi。达到150ppi以上的像素数目，图片质量相对会较好。如果需要对图片进行压缩，应该充分考虑演示需要。

插入到PPT中的图片，可大可小。灵活地掌握和利用图片的尺度，会产生意想不到的演示效果。

内部局部<整体局部<全页化

图片在PPT中的排版，按照所占页面比例的不同，可分为内部局部、整体局部、全页化三种情形。每种情形都会有不同的视觉效果。

- **内部局部：**整张图片（或页面中所有图片）都在PPT页面内部，不接触页面边缘。这种情形下，图片与文本的相对位置、图片本身的效果设置都有较大的施展空间。比较适合像素较小的图片，以及背景和页面限制较多的PPT。

- **整体局部：**图片的三条边位于页面的边缘上。这时图片参与了页面的划分，其余图表及文本内容只能在图片以外的空间中分布，图片和其他内容之间保持相对独立性。这有利于图片视野的最大化，并能配合图片的形状来排版。下图分别是图片位于页面上部和左部的例子。

- **全页化：**图片覆盖了整张PPT，是作为内容而非背景存在的。图片内容的焦点需要加以突出，位于页面易于着眼的位置上，注释性的文本内容应当放在次要的位置上。后文还会专门就全图型PPT作讲解。右图是图片全页化的一个例子。

以上三种情形，其实都是同一张图片、同一个内容，但我们对图片采用了不同的裁剪和排版方式，营造了不同的视觉效果，适合不同风格和场合的需要。而接下来我们会介绍如何对同一张图片选取出不同的内容。

一图多得：图片的二次选取

对于一张图片，有时用处可能不止一个。截取图片的不同角度和范围，可以适应很多内容，做到一图多用。

上面这张照片是在街上随手拍的，有建筑、马路、汽车、树荫等。我们尝试利用整张图片以及图片上若干个部分（如红色框所标注），分别给以下几张PPT配图。

这就对我们积累的图片提出了要求：内容要丰富、像素要高。否则是经不住裁剪的哦！

7/3 光影之魔术：图片的美化

调节明暗和色彩

不少图片拍摄或者制作时，并不是准备放在PPT中的，投影出来的效果不一定好。由于PPT为我们提供了强大的图片工具，我们可以轻易地对图片的效果进行调整。要提高图片的质量，首先要重温几个概念：亮度、对比度和饱和度。

- **亮度：**就是明和暗的程度。在PPT中，亮到最高的程度，就是一片白色；暗到最低的程度，就是一片黑色。
- **对比度：**可以理解为明亮部分与阴暗部分的区别程度。对比度相对较高，图片就更有层次感，显得生动清晰。
- **饱和度：**简单地说就是色彩的鲜艳程度。饱和度越低，图片越趋于黑白。

在PPT中，除了调整亮度、对比度和饱和度，当然还可以对图片作单色化的处理。我们在PPT中插入下面这张图片，在图片工具中便能轻易找到调整以上参数的方法。

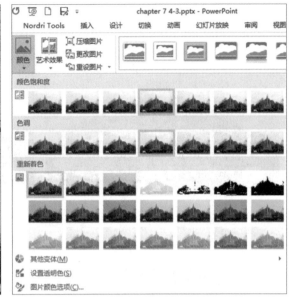

左图是原图。图片是上海市淮海中路的国泰电影院。由于拍摄时是阴天，原图饱和度不足，并且过于昏暗，这会使图片的演示效果大打折扣。

对原图增加40%的亮度，整个画面明亮了起来，图片内容也能清楚地辨认了。

对图片再增加40%的对比度，使得建筑物更为突出，如同被大雨洗刷过一遍，显得很生动。

再把图片的饱和度设为0，得到了黑白照片的效果。这时得到的是一种写实的效果，呈现出厚重的历史感。

如果再对图片的色调、着色等进行灵活的调整，还可以得到以下这些与众不同的色彩风格。

现在要做一张介绍国泰电影院的PPT。利用不同的图片处理效果，可以得到以下的案例。

左图是直接利用图片中的留白来添加文本。除却色彩调整外，还对图片作了适当的拉伸和位置调整，使之能与文本形成合理的排版。文本的色彩选取也与图片结合。右图是把图片变成黑白照，使现实建筑中的历史感和故事感呈现出来。图片作为主要内容位于PPT的上部，文本则位于图片下方。整页PPT保持黑白风格。

图层化处理

图层是Photoshop的基本功能之一，就是指你看到的一张图片可以是几个图层叠加出来的，这个原理也适用于PPT。我们的做法是把同一张图片复制成两个以上图层后分别处理，然后重新叠加在一起。所有这些功能都能在PPT图片工具中实现。

抠图

利用PPT图片工具中自带的删除背景功能，把图片中的主要物体抠出来保持不变，对原来的图片作灰度、模糊、重新着色或添加艺术效果等处理，然后重新叠加。

上图是飘浮于维多利亚港中的大黄鸭。左边是原图，右边是利用删除背景的办法把大黄鸭单独抠出来的效果。下面我们对原图进行处理，再把抠出来的大黄鸭叠加上去，会有许多奇妙的效果。

背景黑白

背景虚化

背景变暗

背景马赛克（浅色屏幕）

裁剪

裁剪是对图片做局部化的处理，即底层的图片作为背景，表层的图片裁剪出局部，从而对局部的内容加以突出。

如上图所示，底层图片变成黑白，并降低了亮度。表层的图片叠加在上面保持色彩不变，在上下方向上裁剪到只剩下一部分，这样牌坊上的文字就清楚地突显出来了。左边的原图转变成右边的PPT页面。

如上图所示，我们把底层图片作冲蚀处理，再把表层图片上的小黄鸭单独裁剪出来，两张图片重叠在一起。然后在图片的留白处添加文本内容，就形成了这张独立的PPT。

蒙版

蒙版是在图片上方添加半透明或渐变的形状，从而提高图片的可用性。

上图是我们在巴黎卢浮宫拍摄的照片，角度很独特。在图片上方结合玻璃金字塔的金属支架线条，添加了一个半透明的梯形（透明度为40%的深蓝色填充），使得图片摇身一变而成为PPT封面页的背景。标题就放置在这个起到划分版面作用的半透明梯形上。

上图是一张比例为3:2的照片，已经插入到PPT中。为使背景、文本与图片能更好地融合，我们添加了一个半透明渐变矩形（由纯黑色渐变至透明）覆盖在图片上。这就使图片中房屋在池塘中的倒影与黑色背景很好地融合到一起。

剪贴

如上图所示是一辆双层巴士，我们将它从图中"剪"出来（把图片裁剪为形状，再通过形状相交的功能用任意多边形抠出来），然后"贴"到PPT中。抠出来的这辆双层巴士在细节上做了处理——线条设置为6磅白色，并加上外阴影。这样就形成了照片被剪贴的效果，在PPT中的层次感尤为突出。

7/4 有图有真相：图片在PPT中的表达

以上说了许多PPT中美化图片的技巧，列举了很多案例，到这里才探讨一个重要的问题——图片在PPT中到底要表达什么？

图片有所为有所不为

具有实际内容的图片，在PPT中有两种作用：一是直接用于说明问题，图片本身具有较大的信息量；二是基于与其他内容的关联性而起到衬托作用。

如上图所示，是两张可以在课堂上演示的PPT，图片本身包含了重要的信息，起到了情景再现的效果，以引起学生的感知。如果没有这些图片，观众可能要花很多的时间去理解演讲者的文本和语言。

有时图片是用于衬托的，但也应该与文本和图表内容是关联的。如上图，这是相同内容的两张PPT，讲的是项目管理中的时间管理，都选用了与时间概念相关的图片。日月星辰的变换确实也是时间的体现，但与管理学的范畴终究不适合。所以我们最后还是选择用一个日程本的图片来搭配，更能与时间管理、与项目中每一个任务的落实相符。

感染力和冲击力

如何增强图片在PPT中的感染力和视觉冲击力，是在PPT中利用图片的一大难题。我们利用一些简易的方法，也可以使图片的表达效果大为增强。

利用透视原理

图片上的事物会形成焦点，结合透视原理影响观众从中获取信息的顺序。要增强图片的视觉冲击力，最有效的办法是通过裁剪、调节光圈等办法使图片只有一个焦点，使观众的注意力不会分散。

左图中，通过游戏手柄的方向，页面的视觉焦点由远至近聚焦到手柄前端这个位置上，所以幻灯片中仅有的几个字就放在这个焦点上，并通过下沉的自定义动画出现。右图中，通过虚化，页面聚焦到钟面的指针转盘上。但是转盘位于页面偏左的位置上，为了保持均衡，所以将文本置于右面，并以指针转轴作为文本的起点。

尝试调整图片的角度

我们看到的大多数图片是以水平线为基准的。但是当我们对图片的角度稍作旋转，你就会发现，事物的形象会产生另一种不同的效果，不仅能够与PPT页面上的排版更灵活地配合，还能调动观众的思考。

增强图片色彩

如前文所述，图片色彩主要涉及饱和度、明度和对比度。三个参数都相对较低的图片，往往黯淡无光。要吸引观众的注意力，图片应该更显鲜活，使人眼前一亮。

如上图，左边图片的饱和度和亮度很低，树木的形象不能加以突出。右边图片经过调整，令人倍感精神。

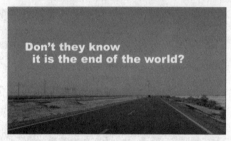 

如上图，虽然同是黑白图片，但左边图片对比度太低，地面与天空的区别不够明显。右边图片做了调整，天空形成了明显的负空间为文字留下了舒展而非压抑的余地。

最大化的排版

但凡用于展示的图片，在页面上应尽量放大，作为主要的内容占据页面的主要部位，与用于装饰的图片（背景和插图）区分开来。这就可以利用到前文提及的整体局部的尺寸控制。

局部化处理（出血设计）

要呈现图片中的某个事物，不一定要完整出现。如果我们只呈现事物的局部，反而能让人觉得这玩意连镜头都撑不下！

全图型设计

全图型PPT是增强图片感染力最常用的技巧，下面我们单列一节专门探讨。

7/5 全图型PPT制作

全图型PPT怎么做？许多人为此犯难——感觉很高大上，做起来却很不易。所以我们单独探讨这个问题，让你的PPT有更多令人叹为观止的画面。下面就一步一步地讲解全图型PPT怎样做。

第一步：选图

适用于制作全图型PPT的图片，应该符合以下几个条件。

图片要与内容相符

图片包含的内容，应该是与需要表达的信息相符合的。如需搭配文本，则应对文本内容起到对应和衬托的作用。

如上图，图片是要表达展览会的概念。左边的案例使用了一张沙漠的图片，图片与文本的内容显然不符。右图直接使用了展览会现场的照片，配合文本使观众更直观地了解了展览会的概念。

图片不宜过于花哨

怎么算花哨？存在多个视觉焦点、色彩过于复杂繁多的图片就算花哨，这会使观众难于获取图片需要表达的核心信息。

图中存在多重视觉焦点。　　　　　　　　　　图上没有明显的视觉焦点，并且能清楚分出背景和前景。

图中存在两个明显的视觉焦点。
图中只有一个视觉焦点，位置偏上，与景物原本的高度相适应。

如图，我们选取了两个场景。

第一个是马拉松大赛起点的现场。左图画面由近到远有几处焦点，分别是近处攒动的人头、中间的醒狮，还有远处跳热舞的模特，视觉逻辑混乱，加上色彩繁杂，不适宜用于全图型PPT。而右图画面中重点突出人群，排除了左图中的各种视觉障碍，更易于感受现场人山人海的气氛，适合在全图型PPT中使用。

第二个是优秀历史建筑——国民政府中央银行的风貌。左图除历史建筑外，还有一个地铁站导向柱，在视觉上一前一后主次颠倒，不论强调的是地铁还是历史建筑都不宜使用。右图排除了地铁站导向柱的干扰，建筑细节更清楚地呈现了出来。

整理后，两张图片制作成这样的PPT。

图片有适当裁剪的余地

为了让图片的核心部分处于最佳的位置，我们经常需要对图片进行裁剪并调整位置，并能适应不同长宽比例的PPT的需要。这就需要原图片有可以裁剪的余地，我们在图片尺度的利用中强调过这一点，这里就不再举例了。

第二步：构图

图片主体要位于最合眼的位置，为文本或图表腾出足够而合适的空间，并在排版上形成相互呼应的关系。

如图所示，四幅图片中的主体部分分别是书本、手机、电子书和报纸。书本和手机分别位于图片的右下方和左上方，与文本相对，形成平衡的画面关系。电子书则位于图片中间偏上，这种情况下比较合理的办法是把文本放置于图片中间偏下。而报纸位于图片上部，除了把文本放在图片下方，还要适当控制主体部分在页面中占据的比例，不超过黄金分割线。

下面我们总结了几种常见的全图型PPT构图方式。

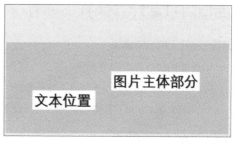

第三步：配图

在全图型PPT中，图片并不是PPT中唯一的内容。我们要把图片和文本、图表等内容合理搭配起来，才能使图片的效用发挥极致。配图主要有以下几种做法。

1. 关键词句式

在图片上添加经过提炼的尽量简短的关键性词句，对图片内容作出必要的解释，或在图片的衬托下作为幻灯片的主要内容，同时也作为演讲时的提纲。

2. 实物标注式

通过文本和符号对图片上的内容进行标注，也是全图型PPT的一种利用方式。这种做法适合在图片的主体部分并不很突出的情况下使用。

3. 图表配衬式

是以图片和图表作为幻灯片的主要内容，并且图表能够与图片的内容合理搭配起来。这种做法有一定难度，除了内容上的匹配，还要求图表和图片的主体部分能合理地分配版面。

全图型PPT要注意的几个细节

1. 记得把图片上的水印去掉

水印是图片上有碍观瞻的瑕疵。只要不是为了特别强调图片的来源，都应该把水印去掉以利美观。去掉水印的办法有两个，一是通过裁剪来避让，二是使用图片处理软件来消除。

常用的能够清除水印的软件有Inpaint和美图秀秀。

2. 不能套用PPT封面的版式

PPT封面的版式和全图型PPT的版式要求不同，前者突出的是标题和副标题，后者则需要图片和文本的同时配合。

左图是PPT封面的版式，右边是全图型PPT的版式。通过对比可以明显看到在排版要求上的差异。

3. 不要以全图型PPT制作整份演示文稿

全图型PPT具有很强的视觉冲击力和感染力，那为什么不能把整份PPT做成全图型呢？这是因为，全图型PPT无法像普通的页面风格那样明显地将演示文稿的封面、目录、正文、结尾等部分区分开来。除了仅以片段形式呈现的PPT外，我们不主张以全图型PPT制作整份演示文稿。

4. 避免大段文本出现

全图型PPT的内容重点是图片，可以增加文本作为配衬，但应局限于词组、短句和少量的注释性文字，并且排版上要置于非主要位置。如果文本太多，就会造成喧宾夺主。

Skill / 如何寻找高质量的图片

使用高质量的图片，是将光影的魔术纷呈于观众面前的前提。很多人即使知道有哪些可以提供优质资源的网站，也未必找得出自己满意的图片。下面提供一些寻找高质量图片的技巧以及网站，相信能帮助你事半功倍地为PPT锦上添花。

利用搜索引擎

在这里，我们建议使用Bing进行搜索，相对国内其他搜索引擎可以避免很多垃圾信息。利用Bing搜索图片，除了直接在浏览器打开www.bing.com，还可以在PowerPoint中直接插入联机图片。

上图分别是在浏览器和PowerPoint插入联机图片中搜索"家居"的结果。值得注意的是，在PowerPoint中直接搜索联机图片，会显示"仅知识共享"，这些经过筛选的图片是明确可以使用的。

利用搜索引擎搜索图片，我们要注意关键字的选取。当中文搜索结果不够满意时，还可以一试英文结果。

1. 对图片内容的描述要准确

这包括图片涉及什么事物。例如搜索"水"，是海水、雨水还是饮用水，要准确描述。

2. 对图片特征的描述要准确

尤其是对一些涉及设计风格的素材图片，颜色、肌理都应该描述清楚。例如"蓝色抽象背景"、"绿色卡通背景"、"简约中国风"、"木纹背景"等。

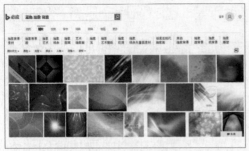

3. 对图片类型的描述要准确

对图片类型的描述，主要有背景（background）、插图、素材、png、矢量、图标（icon）等。这能使搜索结果更符合使用操作的需要。

除了关键词搜索，还有以图搜图。Google和百度均已提供"以图搜图"功能，我们可以利用已经找到但像素不能满足使用需要的小图片搜索出高清图片。

专门的图片网站

专门的图片网站有以下三类。

1. 图片共享网站

国内外有很多图片共享网站，在这些网站上可以找到很多水平较高、便于使用的高清图片。但并不是所有图片都可以免费使用的，所以使用这些网站的图片时要注意尊重版权，如果条件允许则可选择购买。

在此我们推荐pixabay.com和www.pexels.com

除此以外还有以下一些网站可供参考：

ForWallpaper	http://cn.forwallpaper.com/
Stocksnap	https://stocksnap.io
GRATISOGRAPHY	http://www.gratisography.com/

2. 设计素材网站

许多设计素材网站都能提供大量图片素材、字体、网站及界面设计模板等资源，而且是免费的。我们寻找一些png、psd等格式的图片资源，往往可通过素材网站找到。以下素材网站可供参考。

站酷	http://www.zcool.com.cn/
求字体网	http://www.qiuziti.com
爱看图标网	http://www.iconpng.com
站长素材	http://sc.chinaz.com
16素材网	http://www.16sucai.com

3. 壁纸和个性图片网站

这些网站会提供许多个性化的图片。许多壁纸改造后可以成为幻灯片背景，许多小张的个性图片也可以通过局部处理成为背景的一部分。如果平时经常浏览，能累积不少有用的素材。以下网站可供参考。

DesktopWallpaper	http://www.socwall.com/
猫猫壁纸酷	http://www.wallcoo.com/
优美图	http://www.topit.me/
桌酷壁纸	http://www.zhuoku.com/

利用公共图书馆资源

很多图片是包含实质性内容的，主要是照片。有时我们会苦于资料图片的查找，其实公共图书馆也为我们提供了丰富的资源。例如国家图书馆、广东省立中山图书馆等，都购买了一些图片库，注册账号即可登录查找。

信息的传递讲求精准易懂。不同的信息有不同的表达方式，因此也有不同的表达载体。除文字外，在演示中一般有以下载体：

1. 图形——图形的绘制和组合，可以表达事物、流程等；

2. 图表——将图形以特定的顺序和逻辑组合起来，形成流程图、结构图、数据图等；

3. 图解——对复杂信息用图解方式形象化、简单化地表达，可能包含不止一张图表。

Case Study

广州市2015年气候公报

Case Analysis

制作逻辑型图表

Skill

绘制任意图形
分解复杂的图表美化效果
图表数据具象化

图形设计	描述事件概况或事物性状
逻辑型图表	描述过程和关系
数据型图表	反映规律和趋势

 信息图示化

8 / 1　图形设计和应用

　　图形的起源可以追溯到远古时代的洞窟壁画，人类社会在文字产生之前，基本上是以最原始的图形符号来记录事件及传达某种意志和信息的。在演示设计中，图形的使用有非常重要的地位，如事物的图形化表达、标记作用、加强逻辑表达等。

　　图形设计有以下几种常用类型，分别是：**述物型**、**装饰型**、**标记型**。

述物型图形：由实物到抽象

　　我们经常会用图形来描述一种事物，这样能更加形象和简单地进行演示。图形相对于实物，复杂的轮廓被大幅度简化而变得棱角分明。这样，我们可以将实物中复杂的形状转化为简单可控的图形，实现述物型图形的目的。

　　PowerPoint的插入形状功能，提供了大量简单而常用的图形，为我们制作述物型图形提供了条件。

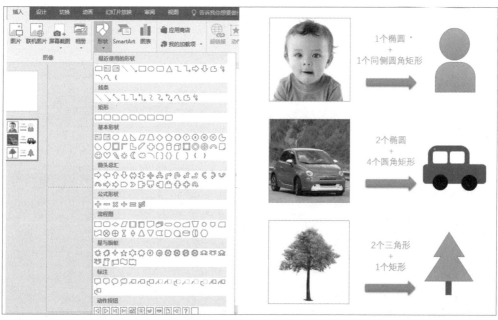

　　述物型图形的好处和用途在于，可以避免因使用图片而导致的表现效果不统一，图形经过抽象化处理后适用的范围也会更广。

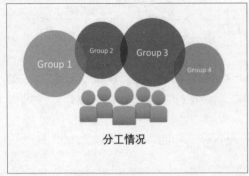

如图所示，利用述物型图形，可以对一些事件或情况进行简单的描述，避免了单纯文本的枯燥与繁复。

　　为了提高效率，更多情况会倾向于使用图标（icon），可通过搜索引擎或专门的网站获取。这在图片应用的部分已经介绍过。实际上我们从来就不提倡浪费时间在PPT中绘制大量的述物型图形，特别是追求仿真效果的手绘。当我们很难找到合适的图标的时候，自行用形状绘制也未尝不可。

Skill ∕ 绘制任意图形

在PPT中，我们可以绘制任意图形。这需要先从合并形状和编辑形状讲起。

PowerPoint关于形状的功能，除了插入和格式的设置，还可以对形状进行"外科手术式"的修改——合并形状和编辑形状。

在PPT中同时选中两个形状，然后切换到"格式"选项卡，在形状一栏中，单击"**合并形状**"下拉按钮，在下拉列表中有联合、组合、相交、拆分、剪除5种效果。合并形状可以帮助我们制作很多软件没有自带的形状。

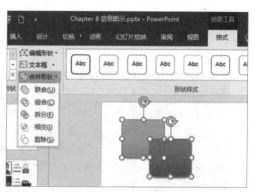

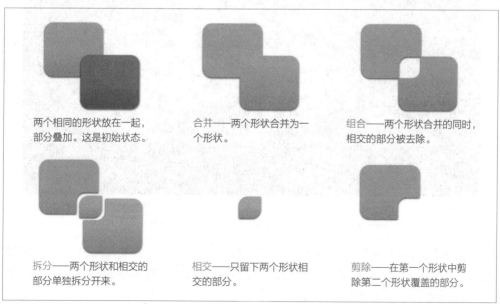

两个相同的形状放在一起，部分叠加。这是初始状态。

合并——两个形状合并为一个形状。

组合——两个形状合并的同时，相交的部分被去除。

拆分——两个形状和相交的部分单独拆分开来。

相交——只留下两个形状相交的部分。

剪除——在第一个形状中剪除第二个形状覆盖的部分。

选中一个形状，在"格式"选项卡的"形状"一栏中单击"**编辑形状**"，这里最为常用的是改变形状和编辑顶点。改变形状，就是将现在的一个形状改为另一个软件自带的形状。而编辑顶点，就要从顶点说起。

我们要换个角度来理解PPT插入的形状——这其实是由若干段平滑曲线组合而成的封闭曲线。各段平滑曲线连接的地方，就是一个顶点。这些顶点和PhotoShop上的"锚点"是同样的道理。例如我们选中以下这个图形，进入编辑顶点状态，点其中一个顶点，就可以通过拖动顶点或两条控制杆来改变形状的轮廓了。

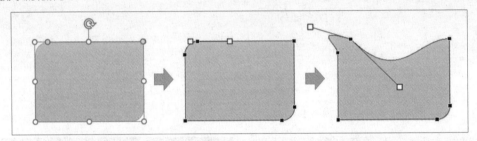

在掌握合并形状和编辑形状的基础上，我们可以尝试在PPT中绘制任意图形。下面以描摹飞机为例进行讲解。

这是一张从500px网站上引用的Emmanuel Canaan的作品，我们通过插入**任意多边形**（在"插入"选项卡中的"形状"一栏即可找到），对图中的飞机进行外形描绘，此过程不需要用到曲线即可完成。

插入任意多边形，需要对形状的各个顶点逐一点击，每个顶点均位于有弧度的位置。全部顶点点击完毕、围成一个封闭曲线图形后，这个任意多边形就出来了。如下图，左图即为绘制的第一个图形，右图为所有图形绘制完毕后的情形。

　　如图，用直线绘制后，进入顶点编辑的模式，选择需要平滑处理的顶点，右键单击顶点，在弹出菜单中选择"平滑顶点"。

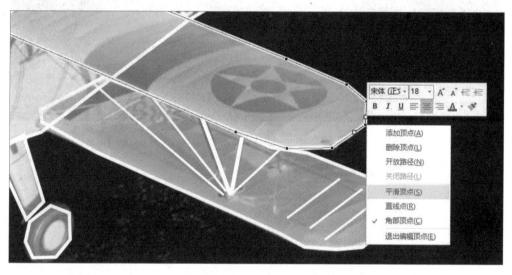

　　最后得到描摹出来的形状，可以删除照片后单独使用，亦可留在原照片上作其他用意的演示，如进行飞机的部件分析，对需要分析的部件进行其他颜色的填充以突出需要表达的效果。

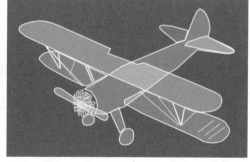

　　在细节处的一些较小或较复杂的图形，可以选择合并。最后我们对描摹的飞机的不同部位进行填充，得到这样的标注效果。

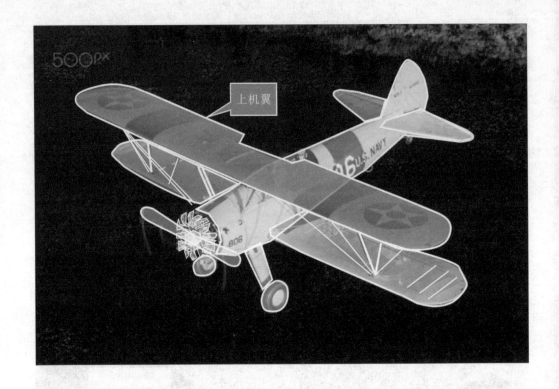

装饰型图形：版面的点缀

如果尝试在原有的演示画面中巧妙增加线条、色块等辅助性的图形，将会有意想不到的效果。这些图形往往能在版式上产生很好的视觉引导作用。

如上图，原来的目录编排尽管条理明晰，但单调乏味。右边除对小标题的位置作了调整，还在编号下面和小标题左边增加了深蓝色的图形，不仅画面增色不少，也在衬托的基础上将内容分化成图表的样式，更便于引导观众的视觉。

我们在内容控制一章中提及了封面设计的Skill，其中就包含了大量图形装饰的效果。总结起来，装饰性图形有以下几种使用方法。

1. 线条

线条包括长线和短线、曲线和直线。利用线条进行装饰，可以起到分隔、对齐和引导的作用。我们可以根据实际需要灵活运用，长短相宜。

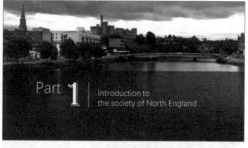

如上图，我们在封面页和节标题页中使用了短线。左图中，短线的左端与标题、副标题向左对齐，分隔了两部分内容，又没有喧宾夺主妨碍标题的存在。右图中，短线则起到了承前启后的作用——顶端与左边文本对齐，末端与右边文本对齐。

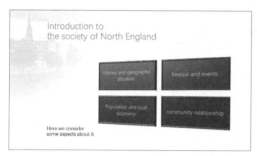

如上图，我们在正文页中使用了长线。左图中，长线被用于分割标题的区域和正文部分内容的区域，这条线是不可逾越的。右图中的这条长线是一条渐变的弧线，而且被断开为四段，除了对应着不同的内容外，还同时起到了分隔版面和引导的作用。

2. 闭合曲线/纯色填充图形

这一类就是我们对图形的最直观的认识，比如圆、三角形、四边形等。在幻灯片中插入了这些形状，可以由于填充和线条的不同，在版面上用作局部遮盖或分散点缀，而产生许多奇妙的效果，起到意想不到的装饰作用。

如上图就运用了许多装饰性的"色块"。在左图中，利用水绿色三角形对图片进行遮盖，使图片形成梯形的效果，在合理分割版面的同时，还引导了标题、正文的排版，并和图片要呈现的城市景观较好地融合。在右图中，图片裁剪为圆形，加上了水绿色的边框，图片周围增加了一些大小不一的圆点，既适当地点缀了页面，又与海绵城市"水"的主题相映衬。

3. 渐变/半透明形状

渐变和半透明，填充效果的调节尺度非常灵活。在以上的一些案例（如背景设计和图片应用的内容）中，也出现了非常多的利用渐变和半透明形状的方式，既可以作为图文内容的衬托，又可以填补一些图片缺失的部分。

如上图，由于这是根据一手调研材料整理制作的PPT，因此刻意使用了一张照片作为背景。照片显得杂乱无章，所以利用一些半透明形状，在不完全遮盖照片的前提下保证内容的合理编排。左边使用的是两个巨大的半透明三角形，它们的位置是错落的，最后都与标题一起引向了即将出现的下一页。右边使用了半透明渐变，为的是遮盖图片向左移动后留下的空白，同时也更便于文本的编排。两张幻灯片中，都用矩形和短线对文本做了很好的引导。

标注型图形：找出亮点

有时使用形状，为的是在特定的图片或其他内容上标明重点。对不同的实物进行标注，需要使用不同的形状。例如以下这两个案例，通过合理地插入形状，直观地说明了情况。

左图是一个对地图进行标注的案例。在卫星地图上，使用实线轮廓的半透明形状（绘制自定义多边形即可实现）来标注范围，然后用专门的标注形状来指出具体地点，清晰地指示了位置之余又保持了地图的原样，与周边区域形成对比。

右图是对比萨斜塔的标注。对与塔身相关的说明，采取了与塔身相同的倾斜角度，而涉及具体时间的历史事件的说明则保持水平，从而有效区分。为了不影响斜塔的观感和更好地指出相关位置，仅仅使用了线条进行标注。

8 / 2　逻辑型图表设计

PowerPoint中的图表设计似乎是一个高难度动作，让人感到高深莫测而无从下手。我们把图表分成逻辑型图表和数据型图表两大类型，从最简单的思路出发，步步为营制作出能准确表达逻辑的图表。

何为逻辑型图表

逻辑型图表是指那些将若干图形或文本按一定的逻辑形式组合起来，而不包含数据的图表。这意味着，图表的结构是由图表所要表达的逻辑关系来决定的，但是不会像数据图表那样受到量化数值的限制，因而具体设计样式可以更为丰富。

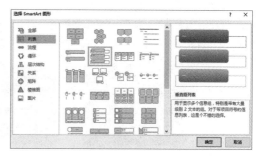

逻辑型图表可以呈现的逻辑关系有无穷多种。在PowerPoint自带的SmartArt中，就包括了列表、流程、循环、层次结构、关系、矩阵等多种图表形式。

我们稍作总结，常见的逻辑型图表包含了以下这些关系。

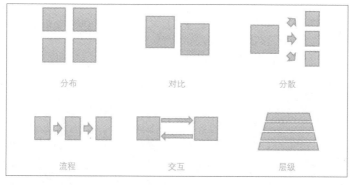

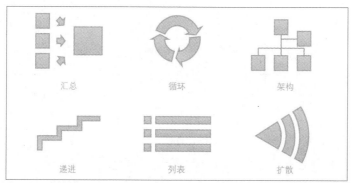

在一些相对复杂的逻辑型图表中，包含的内容往往不止两点或三点，也可能是由以上关系中的几种组合在一起构成图表，并且图表的形态也趋于多样化。但总的来看不会超出以上这些常见的关系类型。

制作逻辑型图表的基本思路

　　现成的图表类型，比如SmartArt和网上的一些图表模板资源，毕竟是有限的。更多情况下我们需要自行绘制逻辑型图表。遵循下面这样一条思路，能使绘制图表简单很多。

制作逻辑型图表

现在，我们要制作一份题为《钢笔的使用与保养》的演示文稿，其中以下内容需要制作为逻辑型图表。

如何选用钢笔

品牌（不同品牌的钢笔有不同的特点，知名品牌的钢笔在质量上更有保证）

外形（钢笔的外形能反映人的审美，可根据自己的个性喜好来选择钢笔的外形）

重量（重量与每个人书写的习惯有关，不合适自己的重量会影响用力程度）

笔尖（笔尖分明尖和暗尖，书写时需要不同的握笔和用力方向，保养也不尽相同）

粗细（不同的书写用途需要不同粗细的笔尖，不同的人也有不同的书写习惯）

功能（钢笔有普通钢笔、美工笔等不同分类，多数情况使用普通钢笔就足够了）

吸墨器

名称	特征	优点	缺点
笔胆式	笔杆内有透明皮囊，内有吸水管	比较接近大家使用习惯，容易上手，只需轻轻捏几下	密封不严，墨囊破损就会漏水
针管式	类如针管，中有阻水珠，后有针管式吸水杆，材质大多为塑料	能一次吸取更多的墨水，不会出现破损情况，破损问题解决了	密封问题，吸水杆断裂问题
螺旋式	同针管式差不多，但后面有螺纹，使用螺旋吸水方法	吸收针管式优点能吸取95%的墨水，但不如前两种实用	密封问题，螺旋滑丝问题

钢笔清洗步骤

（1）用温水浸泡笔头

（2）来回挤压或抽送吸墨器

（3）如堵塞严重，可以用尼龙丝线或薄刀片撑开笔尖冲洗

（4）清洗完后用纸巾将残留的水吸干

以上内容都非常清晰地分成了若干点，我们由此可以将内容在幻灯片中列举如下：

图表1——如何选用钢笔

品牌
不同品牌的钢笔有不同的特点，知名品牌的钢笔在质量上更有保证

外形
钢笔的外形能反映人的审美，可根据自己的个性喜好来选择钢笔的外形

重量
重量与每个人书写的习惯有关，不合适自己的重量会影响用力程度

笔尖
笔尖分明尖和暗尖，书写时需要不同的握笔和用力方向，保养也不尽相同

粗细
不同的书写用途需要不同粗细的笔尖，不同的人也有不同的书写习惯

功能
钢笔有普通钢笔、美工笔等不同分类，多数情况使用普通钢笔就足够了

图表2——吸墨器

笔胆式
笔杆内有透明皮囊，中有吸水管

优点：比较接近大家使用习惯，容易上手，只需轻轻捏几下

缺点：密封不严，墨囊破损就会漏水

针管式
类如针管，中有阻水珠，后有针管式吸水杆，材质大多为塑料

优点：能一次吸取更多的墨水，不会出现破损情况，破损问题解决了

缺点：吸水杆断裂问题

螺旋式
同针管式差不多，但后面有螺纹，使用螺旋吸水方法

优点：吸收针管式优点能吸取95%的墨水，但不如前两种实用

缺点：螺旋滑丝问题

图表3——钢笔清洗步骤

1、用温水浸泡笔头

↓

2、来回挤压或抽送吸墨器

↓

3、如堵塞严重，可以用尼龙丝线或薄刀片撑开笔尖冲洗

↓

4、清洗完后用纸巾将残留的水吸干

经过调整，我们整理出图表的基本结构：

图表1，6个因素相互之间是不存在太大联系的，原本可以按普通的分布式图表处理。但它们都是在选购钢笔时需要考虑的，所以我们让这6个因素环绕在"如何选用钢笔"这个主题周围，将说明的文本放在周边。

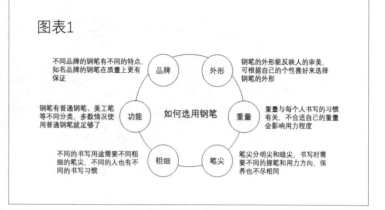

图表2，原来只需要简单分成3个版块，然而每一种吸墨器都注明了优缺点，所以在每一块内容下面再拆分成两部分。

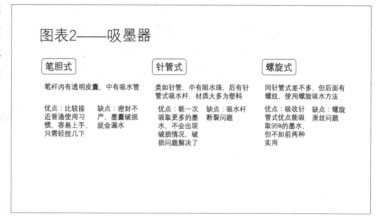

图表3，分析以后发现，清洗钢笔只有3个步骤，而第2个步骤中有一个选择性的操作，这应该从第2项中单独引出，所以我们在整个流程图中"节外生枝"。

接下来是需要进行美化。我们要把图表放在演示文稿中，根据整体的设计风格和样式对图表进行加工。最后呈现的是这样的效果。

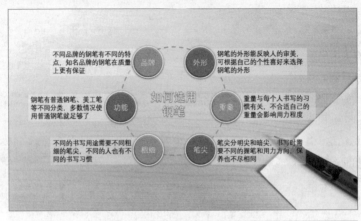

如何选用钢笔

- **品牌** 不同品牌的钢笔有不同的特点，知名品牌的钢笔在质量上更有保证
- **外形** 钢笔的外形能反映人的审美，可根据自己的个性喜好来选择钢笔的外形
- **功能** 钢笔有普通钢笔、美工笔等不同分类，多数情况使用普通钢笔就足够了
- **重量** 重量与每个人书写的习惯有关，不合适自己的重量会影响用力程度
- **粗细** 不同的书写用途需要不同粗细的笔尖，不同的人也有不同的书写习惯
- **笔尖** 笔尖分明尖和暗尖，书写时需要不同的握笔和用力方向，保养也不尽相同

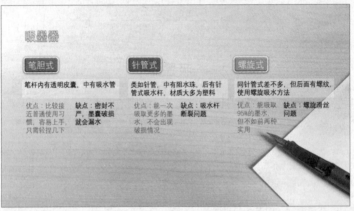

吸墨器

笔胆式

笔杆内有透明皮囊，中有吸水管

优点：比较接近普通使用习惯，容易上手，只需轻捏几下

缺点：密封不严，墨囊破损就会漏水

针管式

类如针管，中有阻水珠，后有针管式吸水杆，材质大多为塑料

优点：能一次吸取更多的墨水，不会出现破损情况

缺点：吸水杆断裂问题

螺旋式

同针管式差不多，但后面有螺纹，使用螺旋吸水方法

优点：能吸取95%的墨水，但不如前两种实用

缺点：螺旋滑丝问题

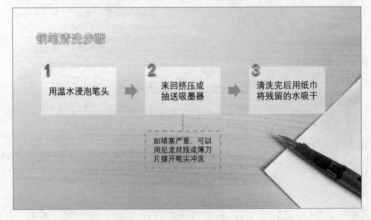

钢笔清洗步骤

1 用温水浸泡笔头 → **2** 来回挤压或抽送吸墨器 → **3** 清洗完后用纸巾将残留的水吸干

如堵塞严重，可以用尼龙丝线或薄刀片撑开笔尖冲洗

分解复杂的图表美化效果

Skill／

所有复杂图表的制作，都可以对其结构及形状效果进行分解。

以上案例中的流程图，除了上面的样式，还可以做成这样。

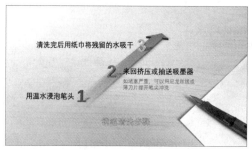

这两个图表当然也是我们在PPT中自行制作的。网上许多PPT图表案例非常炫丽，一般的PPT制作者很难制作出来，在实际工作中也不提倡，更多是倾向于简约明晰。在此，我们提出分解复杂图表美化效果的思路供大家参考，希望能帮助大家举一反三将自己的构想在幻灯片中实现。

PPT中的形状，其格式效果可以从平面和立体两个维度进行分类。在PPT中选择一个形状，通过右键进入"设置形状格式"窗格，就会发现，平面效果包括了填充和线条，立体效果包括了阴影、映像、发光、柔化边缘、三维格式和三维旋转。我们要分解一个形状的美化效果，第一步就是要从平面和立体两个维度进行分析。

以前面左图中的这个箭头为例：

平面上，填充效果是100%透明至橙色的渐变，轮廓没有线条。

立体上，除了有一定深度的三维效果，还进行了三维旋转。

所以我们绘制这个箭头可以采取以下方法：

- 第一步：插入一个向上的箭头，设置为橙色-橙色的上下方向的渐变填充，下方的橙色设为
  100%透明。

- 第二步：设置三维旋转的相关选项，X旋转50°，Y旋转310°，Z旋转310°，透视45°。

 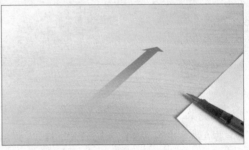

- 第三步：设置三维格式的相关选项，深度8磅。

- 第四步：设置阴影效果，选择预设效果中的向右偏移。

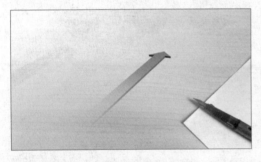 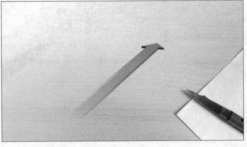

以前面右图中的这个圆球为例：

平面上，我们看到的是白色-黄色-土黄色的渐变，但是两两之间的方向是不一致的——这意味着，这个球是由两个圆组合而成的。分别是白色-全透明和黄色-土黄色的渐变填充。没有线条。

立体上，有轻度的凸起的三维效果。

- 第一步：在PPT中插入两个等大的圆。

- 第二步：将一个圆填充为白色-白色渐变，左上-右下方向，右下设为全透明；将另一个圆填充
  为黄色-土黄色（可以通过格式中的形状样式设置）。

- 第三步：可以参照最终的效果直接在形状格式中设置立体效果，也可以在形状格式-预设中选
  择，使黄色渐变的圆产生凸起和阴影的效果。

- 第四步：将两个圆重合在一起，白色渐变在上，黄色渐变在下，完成。

8/3　数据型图表设计

数据型图表是指那些能够以特定的形式反映数值的大小或趋向的图表。与灵活多变的逻辑型图表不同，数据是数据型图表的根本，图表的形式取决于数据的类型和数据分析的目标。

PowerPoint提供了15种数据图表，这些图表类型和Excel是一样的。Excel是专业的数据分析组件，在PowerPoint中绘制数据图表可以借助Excel的强大功能。

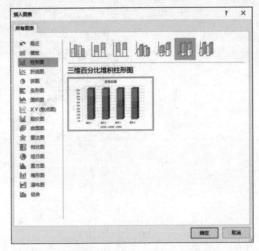

制作数据型图表的基本步骤

在Excel中插入数据

在PPT中直接插入数据图表，需要先选择图表类型，再对数据进行修改。为了更贴合数据本身，我们更倾向于在Excel中制作完图表再移入PPT中。

我们以制作"广州市2015年气温及降水量月平均分布图"为例，通过广州天气网获取数据后，我们先在Excel中加以整理，如右图。

输入数据时要注意对数据进行合理的分类。如果是对两组以上数据制作组合式图表（本案例就是这种情况），还要检查两组数据值之间的差距是否过大而影响到图表的效果。

生成图表

在Excel中选中需要生成图表的数据范围，插入图表，并选择组合型图表。

之所以要选择使用组合式图表，是因为这两组数据虽然对应相同的时间，但分属两个维度，需要以两种不同的形式呈现。

在组合式图表的相关选项中，我们将气温一组设为带数据标记的折线图和次坐标轴，将降水量一组设为柱形图。这时在窗口中会生成预览图。

确定后，会在Excel中生成图表如下：

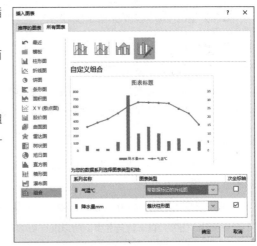

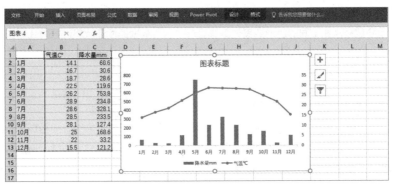

复制至PPT并修改

在Excel中复制图表，到PPT中粘贴。粘贴时要注意选择"使用目标主题和链接数据"。粘贴后得到一张完整的数据图表。

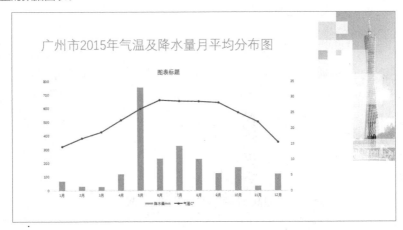

数据型图表的设计

数据的呈现，除了需要合理的图表形式，还需要简洁、明晰的设计。具体有以下几点：

1. 集中趋势

相同类别和分组的数据应聚集在一起，不宜过于分散，图表形状之间的间距不宜过大。

版式设计的内容中曾提到，相同类别的图文内容要集中在一块。同理，在数据图表中，为把数据所要反映的规律和趋势呈现出来，不宜过于分散。像散点图一类的图表尤为明显。

2. 平面直观

尽量避免使用3D效果或其他复杂的修饰效果（这些都可能干扰对一些微小的数据差别的识别），图表形状不要加边框。

相信大家对以往Office默认的图表样式还有印象。从前显示设备的像素和流行的设计风格，都让这样的图表设计在今天看来有些老土。所以现在更倾向于简洁地表现图表中的形状，不必添加太多形状。

3. 突出重点

对部分重要数据添加不同的色彩或其他效果，或对次要数据的设计效果进行弱化，加以区别。网格线作为背景应该淡化。

4. 合理标注

图表内容需要适度标注说明，在合适的位置加上图例。

继续对以上这张图表进行美化修改。存在的问题有以下几个：柱形太细、间距过大；坐标的文本太小；图表标题与幻灯片标题重复；折线标记的点太小。选中图表中的相关内容，通过右键进入"设置数据系列格式"窗格即可修改：

- 选中柱形图，将分类间距缩小为20%；
- 5月份降雨量最大，且高出常年数值较大范围，所以特别标注为深蓝色；
- 将折线及其标记加粗，改为橙色；
- 将坐标文本放大至16号，并添加网格；
- 将图例移到右边，并将字号放大至20号。

修改后的图表如下：

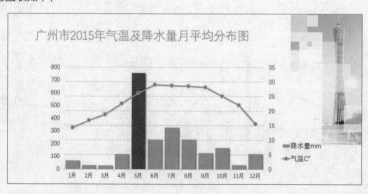

8 / 4 图文混排：图表、图片和文本的关系

在掌握了逻辑型图表和数据型图表的设计以后，接下来我们要探讨的是复杂的图文混排和信息图表设计。

图表、图片和文本三种内容混杂在页面上，依然要遵循此前在版式设计一章中提到的一些设计原则。这里我们通过几个例子谈谈在图文混排时，图表、图片和文本相互之间的关系应该如何处理。

还是以上面的"广州市2015年气温及降水量月分布图"为例，通过这个图表，可得出这几个结论：

- 广州全年气温都在0℃以上，各月平均气温基本都超过15℃，降水量除冬春季节较常年偏少，均超过100毫米，是典型的亚热带气候。
- 广州气温与降水量的分布呈现了雨热同期的特征，季风气候特征明显。
- 广州的降水量在5月和12月出现异常值，5月明显高于同为汛期的6-8月，12月出现冬季大范围暴雨。

为了反映上述三个不同的结论，需要对图表做出相应的改变：

1. 标明具体数值，精准描述情况

一般地，我们要求数据图表应该尽量将数据转换成形状来表达，但图形呈现的是数据的规律，并不能直接反映数据的值。因此在某些情况下需要将数值标注出来。

如图，对图表作了调整：对折线和柱形图都增加了数值标注，同时去除了左右两边的坐标。用对应颜色的文本对图表内容进行了标注和分析。图表置于页面的左边，居于主要位置，保持原有的可识别度。

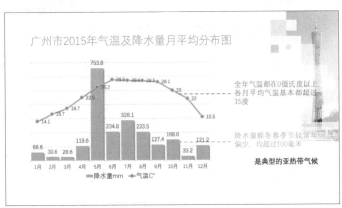

2. 弱化具体数值，着重呈现规律

与前面强调具体数值的做法不同，现在要探寻气温和降水量的规律和相互关系。将两组数据分别转换成连续的图表，折线图变为堆积面积图，并改为半透明渐变填充，柱形图改为面积图，既相互独

立又前后衬托，反映的趋势更为直观。图表改在页面右边，透明位置可与背景衬托。文本位于左边，通过线条对图表进行标注和分析。

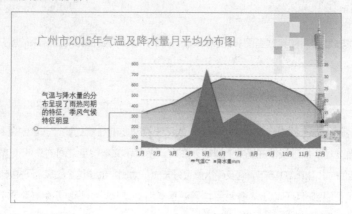

3. 标注特殊数值，突出个案分析

在维持图表原本形态的基础上，对5月、12月的柱形以不同的颜色进行标注，强调这是异常情况。图表放在页面中央，两边分别引申出对两个异常值的说明。两个异常值分别对应了不同的气象事件，所以用图片进行说明。图片和图表的排版是统一而均衡的，所以将文本置于下方。

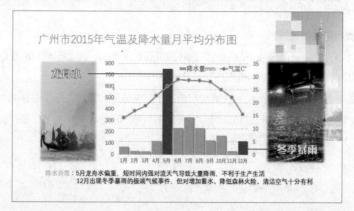

8／5　信息图示：Point之Power

　　这是本章最后一节，图形和图表的设计汇总到这里，以上所有内容的应用也集中到这里。Power-Point是信息图示化的一种重要形式，信息图示化是我们更强有力地表达观点的重要武器。

图形与图表构成了信息图示化

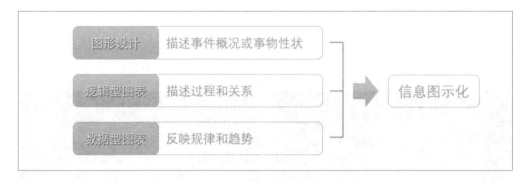

　　本章中所讲述的图形设计、逻辑型图表和数据型图表，共同构成了PPT的信息图示化。图形设计是将复杂的事件或事物转换成简洁的图形，以文字所不具备的直观和快节奏的方式向观众说清楚。逻辑型图表是要将复杂的事物过程或关系提炼、抽象出来，变成易于理解的程式。数据型图表则是在一堆枯燥的数据中找出活灵活现的规律和趋势，使人更容易认识数据的价值。这些目标汇合起来，便是PowerPoint发明的初衷——利用图形更加简便地说明问题。在演示设计当中，应当灵活地安排图形和图表所占的比重。

　　所以，在PowerPoint的设计当中，我们主张在符合设计原则、表现个性风格的基础上追求简约、提高传播效率。

由前面内容一直引用的"广州市2015年气温及降水量月分布图"延伸开来，我们根据《2015年广州市气候公报》的内容制作若干张幻灯片，据此来继续探讨信息图示设计的问题。

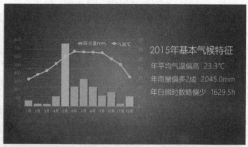

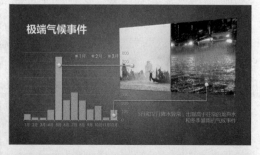

如图我们制作了6张幻灯片，其中一张是封面。这组幻灯片非常简单，但信息量很丰富。

整体采用蓝色局部渐变背景，与人们对气象的普遍认识相关联。主题色彩为白色、草绿色和黄色，显得自然而鲜明，也便于图表的标注。标题和正文字体分别选用微软雅黑和微软雅黑light，简单大方。

- **第1页**将年度和标题用纯色条带引出，结构分明。左边是广州塔的图案，这是广州的地标建筑，具有象征意义。
- **第2页**通过一则图表描述了2015年的基本气候特征。这张图表是比较完整的，数值、图形都很清楚。
- **第3页**转换为全图型PPT。这一页说的是灰霾天数，却用了蓝天的照片——没有什么能比万里无云的碧空更能说明灰霾天数之少了。这是一个从反面入手的方法。
- **第4页**从一张图表中的两个特殊数值引出两张极端天气的照片，这种过渡方式比前文的样式更流畅。图表上方和图片下方分别是标题和注释性文本，很好地平衡了画面。
- **第5页**幻灯片的主体是一张以广州市地图为基础的分层设色的日照时数图，文本和图例分列该图左右，而图片整体位于幻灯片右侧。文本中的数值的颜色也与图例相对应。
- **第6页**内容的焦点是停课，所以利用两个图标构成了学校下大雨的描述性插图。停课的前提是暴雨红色预警信号，所以对事件的描述文本由该标志引出，并以红色衬底。

图表数据具象化

从数据到图表，是一个抽象化的过程，我们需要提炼和呈现其趋势与规律。而将数据在图表中具象化地表现出来，则是为了更形象、直观地展现数据的本来面貌。对一些简单的数据，可以采用以下两种方法，具象化地将其呈现出来。

将数据寓于形状之中

在形状中，按相应的比例对形状的局部进行标注，或按数值大小控制形状大小。

利用形状进行计数

使形状的数量与数据值相对应。

如上图，左图中以男性和女性的形状来说明人体的水分——不同高度的填充象征了不同含量的水分，因为水分也是人体的一部分。右图中，直接以人形图标进行计数，利用不同颜色进行区分，专职律师占比多少一目了然。

独立案例 / 1　海珠桥的故事

《海珠桥的故事》是一份在某博物馆常设专题讲座的演示文稿。

主题和内容的设定

　　《海珠桥的故事》是一份故事化演绎的PPT。介绍这座桥梁，我们并不采取说明文那种从外观结构到历史演变的模式，而是采用时间顺序，从与桥梁相关的历史事件和情景入手，这与普通市民对海珠桥的认识有所不同：

普通市民的认识	我们介绍的事实
海珠桥是一座有历史的桥梁——但不知道它背后有哪些具体的事件、在城市建设史上扮演什么角色——所以它的历程可能是平直的：	海珠桥是一座有历史的桥梁——它经历了兴建、毁坏、重建、扩建、维修，经历了城市的苦难和进步，见证许多人和事——所以它的历程是曲折而鲜为人知的

内容的编排和演示架构的建立

　　对演示文稿内容的具体策划，分两条主线，一条是对演示内容的编排，另一条则是对演示架构的建立，前者是文稿设计的层面，后者是演示操作的层面。我们通过两排表格，可以将两条主线合并并形成对照：

	各页幻灯片的标题	演示过程中的节点/部分	
开篇	封面——海珠桥的故事	情景的引入——现实与历史的重遇（扉页使用现实照片与历史照片的结合，引入情景，同时开篇即指出海珠桥在广州城市建设中的意义）	
	扉页——一座海珠桥，半部广州城建史		
兴建	1929年筹划建造海珠桥	开端&回溯——海珠桥的筹划与兴建（详细）	
	1929年兴建中的海珠桥		
	建设海珠桥的市长林云陔、刘纪文	背景——20世纪二三十年代广州大规模的市政建设（简略）	
盛况	1933年海珠桥通车典礼	正面：刘纪文市长主持开幕	侧面：万人云集，省港媒体争相报道
	1933年海珠桥开启全貌（近景）	情景重现——生动、真实地展现海珠桥建成后的图景（注意近景、远景切换，下同）	
	1933年海珠桥开启全貌（远景）		
	巴金对海珠桥的描述		
	横水渡和电船	另一面——不是所有人都希望海珠桥建成	

各页幻灯片的标题	演示过程中的节点/部分
磨难 1938年广州沦陷，一片火海	情景重现——海珠桥如何见证沦陷的耻辱
日本兵在海珠桥上搜查群众	远景：市区四处着火焚烧
日本兵在珠江上耀武扬威	近景：日本兵在桥上搜查群众 桥下：日本兵封锁珠江
1949年美国记者拍摄的海珠桥 1949年国民党撤退前炸毁海珠桥	情景重现——海珠桥的破败、炸毁是旧社会烂摊子的一个缩影，两张图片是同一角度
新生 1950年海珠桥重建通车 1950年叶剑英市长为海珠桥剪彩 1963年羊城八景之珠海丹心 50年代海珠桥上的标语 1975年增建辅桥	情景重现——新中国成立后海珠桥和海珠广场是广州的地标之一，反映了建设成就 另一面——长期作为唯一跨江桥梁，是当时发展滞后的写照（简略）
发展 1988年上班时间的交通 90年代初的海珠桥 90年代的广州河南	情景重现——改革开放大潮下城市的快速发展 摄影作品解读＋远眺观察
向前 2006年围蔽中的海珠桥 2012年维修中的海珠桥 2013年海珠桥重修通车	互动——反思两个问题： 城市的大规模建设与城市正常运作秩序如何平衡？ 文物的保护与使用如何平衡？
海珠桥2013	结束

设计

　　全稿采用全图型PPT设计，使用大量历史照片。随着时间的推移，照片逐步接近观众所拥有的集体记忆和能接触到的现实。涉及重大历史事件的幻灯片均添加年份和简单的注释文本，其他具体内容添加在备注栏供演讲者参考。封面和扉页的设计采取先暗后亮的做法。封面背景是夜景图片，标题的"海珠桥"三字采用国民党元老胡汉民亲笔题写的字样（目前仍挂在海珠桥上）。深色背景先将观众引入到讲故事的氛围中。扉页背景局部是民国时的照片与现在的照片合成的图片，整体以白色为主。幻灯片由黯淡转入明亮，预示故事正式开始。

　　在抗战前的部分内容，除了有历史照片外，还有两张幻灯片是介绍人物的，用到了海珠桥夜景的照片作背景，人物头像通过删除背景后呈现。这三个人物分别是林云陔、刘纪文和巴金，他们分别是主政广州的建设者和20世纪的文学巨匠，但都与广州有不解之缘。

1929 辛亥革命后广州大规模开展城市建设
1929年市政府批准建设海珠桥

图为未有海珠桥的珠江两岸

1929 兴建中的海珠桥

领导海珠桥建设的广州市市长
林云陔、刘纪文

1933 海珠桥落成通车

海珠桥开启时全貌

广州
海珠铁桥（四）

巴金的记忆

……我不喜欢搭电船，我不喜欢坐手车，每天我
至少走过海珠桥两次。

桥中间有一条长的裂痕，从这里可以看见河水的
流动：有时候大船过去，桥就从这里分开开，成了两
段，高高地向天空伸起，就像起重机的杠杆一样。

……人行道上坐满了工人，有些睡在那里，有些
就坐在铁架上面，桥上电灯明亮，海珠桥就像一个会
场，夜晚好像是工人的节日。

——巴金《海珠桥》

横水渡和电船

海珠桥通车前，市民过江要靠横水渡或电船。
大桥落成后，横水渡的生意一落千丈。

从广州沦陷到新中国成立前夕的一段，除了
时间顺序，还包含了空间顺序，需要在演示时对
观众进行引导。

1938 羊城沦陷

日本兵在海珠桥上搜查过往群众

日本兵手持刺刀与太阳旗在珠江上耀武扬威

1949年美国记者拍摄的海珠桥

1949 国民党撤退前炸毁海珠桥

从新中国成立到改革开放前的部分，视角还延伸到50年代新建的海珠广场。这一部分继续有人物故事——叶剑英元帅。叶剑英是广东梅县人，新中国成立初期他担任广东省政府主席、广州市市长，为恢复和发展社会经济呕心沥血。

1950 海珠桥重建通车

1950年广州市市长叶剑英为海珠桥剪彩

1963 珠海丹心

50年代标语：支援农业大跃进，全体人民有责任！

1975 增建辅桥

在改革开放大潮中，海珠桥也给世界留下了深刻的印象——海珠桥上独特的单车潮。由于这是一幅摄影作品，为保持作品的原貌，该页没有使用全图型设计。另外两页是以远眺的方式观察广州在90年代的发展面貌，需要从视觉顺序上加以引导。

最后一部分，图片已是用数码相机拍摄，而且完全是彩色照片，不具有以上部分图片的历史感，因而在演讲时可转换为互动式探讨。

全稿完成，以海珠桥全貌的夜景照片作为背景，与封面呼应。

独立案例／2　上海区域研究报告

《上海区域研究报告》是一份通过收集信息并整理的工作型PPT。

内容整理

整份报告简单地分为三部分，并且在内容的形式上有所侧重：

章 节	标 题	内容形式
Part 1	上海市简介	图片（地图）
Part 2	宏观经济环境	数据（图表）
Part 3	城市规划概述	文本

对于每页的内容，在前期整理时进行了细分：

章 节	内 容	形 式
Part 1	上海市概述	图片+文本
	上海城市布局及交通	地图+文本
Part 2	对比其他城市（人口&GDP）	图表+文本
	对比其他城市（人均数据）	图表+地图+文本
	固定资产投资	图表+文本
	人均可支配收入	图表+文本
	各区县对比	图表+文本
Part 3	上海规划动态	图片+文本
	功能分区	地图+文本
	战略任务	地图+文本
	2030年市域图	地图

封面及背景设计

作为工作型PPT，在封面及背景的设计上力求简洁，以便给繁琐的图文内容腾出足够的空间。这份研究报告的对象是上海，所以在设计元素上直接选用了上海浦东的景观。其中封面及结尾页直接使用浦东的照片并以半透明渐变形状遮盖，节标题页使用浦东建筑的矢量化图形。正文页以白色背景及灰-深红色线条组合而成。

色彩主题主要包括深红色、灰色——这是从东方明珠塔身上取色并调整后得到的，既与背景使用的景观元素相符，也便于制作图表时突出层次感。

各部分的设计

第一部分是上海市简介。这两页没有出现这份PPT的默认背景，而是直接在图片上添加文本。第一页没有使用地图和图表，而是简单地罗列数据——这些数据对于上海而言既不需要参照也不需要图示，只是帮助观众大致把握。第二页是一幅没有文字标注的地图，它要突出布局而不是具体位置，所以说明文本都放在右边长江口海域的位置上。

第二部分全部是图表。由于涉及的数据主要呈现趋势性和对比性关系，这些图表以条形图为主。每页根据内容的不同，除条形图以外相应增加折线图、地图等其他只占局部的图表。每页幻灯片中都有相应的说明文本。

需要特别指出的是，虽然图表类型过于单一，但是随意转换为其他类型的图表反而容易产生不必要的麻烦。例如第二部分最后一页的各区县对比，各区县之和确实是上海市的总体数据，但如果采用饼图，则不仅因为部分区县数值偏低而无法仔细区分各区情况，还难以将人口、GDP和人均GDP三组数据放在一起对照。所以在条形图的基础上，将GDP和人均GDP转化为纵向的茎叶图，并将人口转化为散点图，这样就使三组数据一目了然了。

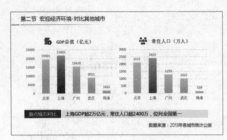

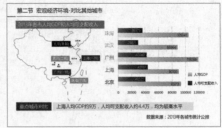

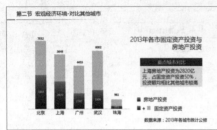

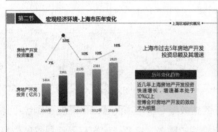

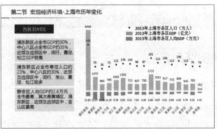

第三部分是对上海未来规划的概述，需要通过地图进行说明，因而配合地图的图例和说明性文本就很重要。对这些文本的处理集中在两个方面：一是要结合图片和地图合理地排版，大量的文本需要通过模块划分来理清层次；二是将文本与图例结合在一起，例如"功能分区"一页，文本的小标题与地图上功能区的划分标注成一样的颜色，易于联系起来阅读。

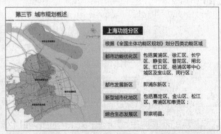